蝶影蟲蹤

——追蹤常見昆蟲

楊平世 ▪ 著

何健鎔 ▪ 攝影

台灣是賞蟲觀蝶的好地方

　　對喜歡昆蟲的人來說，台灣的確是個寶島；每年春天，當櫻花季過了之後，蟄伏土中化蛹的螢火蟲，紛紛羽化，於是打從三月中旬開始，由南而北，各地的賞螢活動如火如荼展開，也為山邊的許許多多民宿和休閒農場帶來不少商機。到了四月間，也就在每年清明節前後，在台灣南部，尤其是台東大武，和高雄茂林的紫斑蝶類紛紛從蝴蝶谷飛出，往東沿著花東縱谷，往西、往北經雲林古坑、林內，在短暫補充能量後，便成群飛越國道三號公路，持續在苗栗、竹南等地產卵，繁衍下一代，再逐漸往北分散到中、北部地區。不過，這幾年由於極端氣候之故，尤其每逢暖冬，這些久蟄「紫蝶幽谷」的紫斑蝶類也會在農曆過年後不久即往北遷飛，而且路徑也可能途經塔塔加鞍部，再往北、往西遷飛。這種紫斑蝶類在每年春天集體遷飛的壯觀鏡頭，也成為台灣自然奇景之一。

　　五月份的北台灣，當白鳳菜、黃鳳菜、野當歸開花的季節，北部山區青斑蝶依稀可見，但到了五月下旬和六月上中旬，澤蘭盛開的季

節，一大群訪花的青斑蝶出現在澤蘭花叢，蔚為奇觀！是故，每年陽明山國家公園都會在此時刻舉辦夏訪青斑蝶的活動；而筆者研究室多年來在陽明山國家公園所標放的青斑蝶，已多次飛越大海，飛往日本；這幾年來，日本所標放的青斑蝶也飛抵台灣，研究證實台日之間的青斑蝶有南來北往遷飛的現象。

　　每年七至九月是昆蟲活動最為活躍的時刻，除了蝴蝶之外，數量和種類都相當多的蛾類、甲蟲，隨處可見，此時台灣山間都可發現愛蟲人的芳跡。而每年五至十月，各式各樣的蟬鳴，鼓噪整個山林。到了秋天，則是蟋蟀、螽斯求偶最為熱絡的季節，白天、晚上都有不同種類的鳴蟲吟唱於農田、草原和山林之間，好不熱鬧！

　　時序入秋，台灣中北部的紫斑蝶又集結遷飛返回南部和東部的「紫蝶幽谷」，十二月至二月間，只要造訪台東大武和高雄茂林，可發現三、四十萬隻的紫斑蝶群聚谷中過冬的盛況，堪稱台灣自然奇觀。其實除了這些昆蟲，也有不少水棲昆蟲徜徉溪流、湖沼之間，這些水中的原住民不但是水域生態系中最主要成員，也是魚蝦的重要食餌，但卻是最為常人所忽略的一群；所以，亦不妨探索周遭水域，追蹤形態、行為各異其趣的各類水蟲。

　　從西元二〇〇〇年以來，台灣的休閒產業興起，不少地方都出現

規模不一的蝴蝶園，這些蝴蝶園有開放式的，也有密閉式的，也有兩者兼具，甚至出現「蝴蝶生態村」，這對當地休閒產業和學校校外教學來說，已扮演著頗為重要的角色；但如何做好蝴蝶園的經營管理工作，則是大家所關切的。

　　《蝶影蟲蹤》是三十年來筆者教學、研究之餘，有感而發，陸續在《大自然》等雜誌寫下的文章，其中有小部分是和筆者的學生李春霖博士、吳加雄博士、李惠永先生合寫；而這也是繼《觀蝶·賞螢·覓蟲》之後另一本「昆蟲與人生」的系列作品。希望愛好大自然的朋友們喜歡，也懇請愛蟲族的朋友們不吝批評指正為盼，好一起為推廣各式賞蟲、愛蟲、護蟲活動而努力。

國立台灣大學生物資源暨農學院特聘教授

楊平世 敬識

目錄

台灣是賞蟲觀蝶的好地方   002

螢火蛙鳴鬧春夜——揭開賞螢序幕   007

浮游群落——活躍在湖沼中的水棲昆蟲   023

河蟲大追蹤——河域生態系中的水棲昆蟲   037

點綴林間生趣多——森林中常見的昆蟲   057

夾縫中求生存的昆蟲——台灣瀕危和珍稀昆蟲   073

腐草化為螢——螢夢重圓竟成真   105

蟬聲深樹起——聞蟬說蟬迎夏天   125

完全變態的昆蟲——台灣的甲蟲   135

蝶變——多采多姿的蝴蝶生活史   167

蝶以食為天——幼蟲的食草和成蟲的食物   183

蝴蝶園內的植物——蜜源、食草和景觀植物   195

從蝴蝶館到「蝴蝶牧場」——蝴蝶的「方舟」計畫   225

蝴蝶的伊甸園——溫室型的蝴蝶園   243

蝴蝶熱壞了，人熱昏了——網室型的蝴蝶園   257

觀蝶——大家一起來賞蝶   267

螢火蛙鳴鬧春夜——
揭開賞螢序幕

自古以來，關於螢火蟲的描述便散見在各類典籍之中，如《詩經》的〈東山〉，描寫征夫遠行思鄉，遙想家園荒涼的景況，透過重章疊句的韻律，緩緩搖蕩出心中的感傷；其中「町畽鹿場，熠燿宵行。」點出白天田舍旁的空地佈滿了野鹿的足跡，夜來則有熒熒螢火明滅閃爍；「宵行」原指夜行，是指「喉下有光如螢之蟲」，藉著點點螢光寫出人跡罕至的荒蕪田園。而《禮記》〈月令〉中也有「季夏之月，腐草為螢」的記載，雖帶著變形神話浪漫的想像，但不無先民對螢火蟲自然生態的觀察。文學的意象多由生活中淬煉而來；台灣每逢春夏之交，賞螢季隨即來臨，因此以下便簡略介紹台灣螢火蟲的生態及賞螢的地點，希望大自然的生物會讓我們的生活充滿更多的驚奇，讓大家詩意地安居在自然與人文之中。

超過六十種螢火蟲揭開賞螢序幕

　　在台灣，每進入春暖花開的三月，正是台灣各縣市政府熱烈舉辦花季活動的時候，當花季結束之後，便開始了「賞螢」的序幕。台灣，不負「福爾摩沙」之名，在這片小小的土地上，竟有超過六十種以上的螢火蟲，更幸福的是，四季皆能在不同的棲地環境中，發現這些在黑暗中帶來光明與希望的小小使者；然而受限於螢火蟲族群數量

不一或棲息環境限制，一些族群數量較少，或對於棲息環境干擾忍受度較低的螢火蟲種類，對於大多數人而言總是緣慳一面，但無妨，因為常見的螢火蟲對於普羅大眾所帶來的生態悸動已出現在年復一年的賞螢季中。

在台灣目前已知的六十餘種螢火蟲中，以螢亞科（Lampyrinae）的種類最多，但由於族群數量及對於棲息地的專一程度之故，不若熠螢亞科（Luciolinae）之種類常見；熠螢亞科包含熠螢屬（*Luciola*）及脈翅螢屬（*Curtos*），其中熠螢屬的十二種螢火蟲，就有不少是我們賞螢季或夏天常見的螢火蟲。

三～五月螢火蟲季多屬黑翅螢

黑翅螢（*Luciola cerata*）

由於其成蟲族群量較其他螢火蟲種類為多，每年三～五月台灣各地舉辦的螢火蟲季主要賞螢物種便是黑翅螢，分布於全台灣中低海拔（台東、墾丁除外），人為干擾低、無光害的山區，發黃綠光，於發生期時，成蟲多聚集在較為空曠草地或河床兩岸，會同時明滅，產生十分壯觀的發光奇景；幼蟲陸生，主要以節肢動物的屍體為食。

紅胸黑翅螢（*Luciola kagiana*）

其成蟲棲息地點與黑翅螢相似，雖然成蟲發生數量少於黑翅螢，但體型較黑翅螢為大，喜歡在林間較暗處飛行，主要生長於海拔二千公尺以下的山區；此蟲會發橙紅色光，發光速率較黑翅螢為快。

黃胸黑翅螢（*Luciola hydrophila*）

此蟲已列為珍惜保育類昆蟲之一，列入保育類昆蟲名錄的理由為幼蟲水生，主要棲息於中低海拔水質潔淨的山溝或小澗，台灣山溝整治以鋼筋混泥土結構之三面工法為主，造成幼蟲無法上岸化蛹，加上河域污染，致使族群數量減少。

黃緣螢（*Luciola ficta*）

台灣目前有三種水生螢火蟲，除前述之黃胸黑翅螢外，尚有條背螢（*Luciola substriata*）及黃緣螢，由於有成功的人工養殖技術，各地「復育」螢火蟲時，多以黃緣螢為主；然此未經過野放前評估及野放後追蹤的「復育」行動，並無助於螢火蟲保育，反可能造成基因污染及螢火蟲保育錯誤示範；幼蟲水生，主要棲息在水田或灌溉溝渠中，以棲息地中的川蜷或椎實螺為食。

1. 交尾中的黑翅螢。　2. 紅胸黑翅螢。　3. 交尾中的黃緣螢。　4. 大端黑螢。

看過嗎？螢火蟲會賞桐花！

大端黑螢（*Luciola anceyi*）

　　幼蟲陸生，是海拔二千公尺以下的常見螢火蟲，棲息地點與黑翅螢相近，但棲息於樹冠層或竹林較高處，由於成蟲發生期正是油桐花季，成蟲會聚集在花叢中吸食花蜜，是目前發現少數會訪花的螢火蟲，成蟲發橙黃色光。

端黑螢（*Luciola praesuta*）

　　外觀類似大端黑螢，但體型較小，幼蟲陸生，主要生長在中低海

1. 端黑螢交尾。　2. 大端黑螢交尾。

紅螢一種，其觸角發達。

拔山區，數量亦多，成蟲多出現在黑翅螢發生期之後，是夏季賞螢的主要物種。

紋螢（*Luciola filiformis*）及擬紋螢（*Luciola curtithorax*）

紋螢及擬紋螢體型外觀十分類似，僅小盾片之顏色略有差異，紋螢小盾片黑色，擬紋螢為紅色，發光顏色皆為橙紅色，亦為夏季賞螢之主要物種。

脈翅螢屬螢火蟲與熠螢屬螢火蟲，外觀最主要差別在於翅鞘外緣有無明顯折痕；由於不少種類的成蟲期較熠螢屬為長或是主要在夏季出現，所以成蟲數量雖然沒有黑翅螢或其他熠螢屬多，但由於閃光時間較長，且閃光速率較慢，其發光景觀與熠螢屬迴異。

梭德氏脈翅螢（*Curtos sauteri*）

幼蟲陸生，主要生長在低海拔山區，發綠色光。

暗褐脈翅螢（*Curtos obscuricolor*）

雄蟲全身黑色是最容易辨識的特徵之一，主要棲息在低海拔山區。

1. 紋螢。　2. 擬紋螢。　　3. 梭德氏脈翅螢。　　4. 暗褐脈翅螢。

賞螢發燒友不可不看

除了一年兩代之黃緣螢及台灣窗螢（*Pyrocoelia analis*），大多數的秋冬季螢火蟲多出現在中高海拔山區，各縣市主辦的賞螢季多集中在春夏季，加上秋冬季的螢火蟲出現時間多集中在日落之後一小時內，出現時間較短，且成蟲發光型態為持續發光，不似春夏季螢火蟲的閃光，生物發光景致迥異，故秋冬季的螢火蟲也頗適合賞螢發燒友前往欣賞。

短角窗螢屬及窗螢屬常見螢火蟲

橙螢（*Diaphanes citrinus*）及山窗螢（*Pyrocoelia praetexta*）是台灣秋季低海拔山區最常見的兩種螢火蟲，其體型較春夏季常見螢火蟲為大，雄蟲發光持續時間長，數量多時，發光景色相當壯觀。

雪螢（*Diaphanes exsanguis*）及鋸角雪螢（*Diaphanes lampyroides*）則是冬季常見的螢火蟲，時常出現在林道兩旁，但由於棲息在中高海拔山區，但活動時間不長，故較少為人知。

1. 鹿野氏黑脈螢幼蟲。　2. 雙色垂鬚螢幼蟲。　3. 橙螢幼蟲。　4. 雲南扁螢幼蟲。

其他較少見的螢火蟲

　　台灣的螢火蟲大多是夜間活動，但也有少數是日間活動或是日夜皆活動的種類，這些種類大多沒有發光器，或是發光器小而不明顯，例如雙色垂鬚螢（*Stenocladius bicoloripes*）、鋸角螢屬（*Lucidina* spp.）及弩螢屬（*Drilaster* spp.）之螢火蟲。

螢光之美「數小」更要珍惜

　　成千上萬的黑翅螢同時發光明滅的壯麗景象，是每位賞螢民眾最想看到的風景，而這些夜精靈們也年復一年的在各賞螢地點，絢麗地燃燒著生命最後的光芒，透過微弱的閃爍展現力與美的存在。

　　「數大」固然是美，但「數小」亦有可觀之處；先就體型論，有大如成年男子大拇指第一節的山窗螢，亦有小到體長僅5mm的紋螢或擬紋螢；另外，也有發光光色的差異；有發橙紅色光的紅胸黑翅螢或紋螢、擬紋螢；發綠光的脈翅螢屬或秋冬天的常見螢火蟲以及發黃綠光或黃光的黑翅螢及黃緣螢、黃胸黑翅螢等；而這不同的光色、古代的中國人也拿來當成占卜家運的媒介。但如果真要體會中國古人對於螢火的感受，就必須到野外親自體驗。在台灣，最佳季節是在晚春及秋冬季，可是中國古籍中描述螢火蟲最多時期是在夏天；而秋天出現

的螢火蟲較不會閃爍，且多在秋季出現；此例如台灣秋季最常見的橙螢及山窗螢，而這則頗符合中國古人的描述。

如果有賞螢發燒友想觀察幼蟲的發光景致，在八月的夜晚，到無光害的山區，就有機會看到成群幼蟲發光的景象。

北部賞螢地點介紹

除了較耐乾旱的台灣窗螢外，大多數的螢火蟲多偏好棲息在無光害、樹冠層遮蔽程度高、相對濕度較高的地區；在北部例如烏來內洞森林遊樂區及附近的娃娃谷地區的周邊步道，在三月到七月的夜晚，是各種春夏季常見螢火蟲的天堂；進入八月，較成熟的幼蟲會在下過雨的夜晚，發著兩點螢光，外出獵食；至十月中旬時就能發現成蟲；是故烏來地區是北部最容易親近螢火蟲的地點之一。

另外，如果不想在假日到人潮洶湧的賞螢地點，只想單純的看看點點螢光，那新北市汐止區之汐萬路、汐碇路或汐平路的無光害山區道路兩旁，也容易發現黑翅螢在這些地區飛舞；至於台北市內的虎山溪、富陽公園，甚至台灣大學農場都可以發現這些小精靈。

為螢火蟲留一片淨土

「螢火蟲只有在完全沒有光害污染的潔淨山區才能發現！」每當筆者做個「純聽眾」去聽其他生態解說員講解螢火蟲生態時，有時會聽到這句話；但在筆者的研究過程中則認為這句話有待商榷。

的確在沒有光害污染的潔淨山區才容易發現數量較多且種類數多的螢光景致，但從螢火蟲保育的角度而言，這句話會讓聽眾認為螢火蟲保護只要保護這些尚未破壞的地方就好，而忽略仍有一部分的螢火蟲，雖然處在受到人工光害污染的地方（例如台北市虎山市民森林），卻仍然努力的完成他們的使命——繁衍下一代，所以如何減少這些地區的污染程度，也是螢火蟲保育應當關心的重點之一。

1. 虎山溪是台北市民賞螢的好去處。　2. 虎山溪賞螢步道光害影響賞螢的品質。

黑翅螢發光相當美，是台灣特有的螢火蟲景觀。

「螢火蟲保育要的真是一整片完整的水陸域環境嗎？」

「是的！牠們需要一片完整的水陸域環境，但牠們在城市的同伴也需要我們少幾盞路燈。」

螢火蟲交尾時仍會發出螢光，圖為大端黑螢。

浮游群落——
活躍在湖沼中的水棲昆蟲

「一沙一世界」，表面上十分寧靜的湖沼，其中竟然擁有這麼多種水棲昆蟲生活，的確令人慨嘆造物者之神妙！儘管這些水蟲中，有不少是殺蟲、殺魚不眨眼的角色，但牠們也往往又成為其他大型魚類的食餌：所以，湖沼水域世界中的食物鏈、食物網，可以說極為錯綜複雜，對於這些水蟲在湖沼中所扮演的角色，我們豈能輕忽？

　　曾到過南仁山區的人，必定難忘當地幽雅脫俗的景致；青青的草原，翠綠的林木，優美的南仁湖及碧綠緜延不絕的沼澤；尤其是水草叢生的湖沼，更為南仁山之美增添幾許飄逸的靈氣！

　　走過湖邊、沼澤，蜻蜓、豆娘忙碌地來回穿梭，或單隻點水，或成對飛舞，成群低空翱翔，一片生意盎然！其實，非僅南仁山區如

1. 流水域的棲地。　2. 靜水域的棲地。　3. 鼎脈蜻蜓棲停於枯枝上，翅膀張開。
4. 短腹幽蟌棲停於枯枝上，翅膀合置。

此，只要走訪過其他山區湖泊或沼澤，也能感受出這份令人心曠神怡的自然之美。

蜻蜓、豆娘──空中小飛龍

湖泊、沼澤，表面上看似十分謐靜，其實只要仔細審視，不難見及魚蝦踪影；然而除了魚蝦之外，水面上、水草間還有許多水棲昆蟲生活著；這些水蟲也是湖沼生態系中的重要成員。

在湖沼間活動的水蟲，以蜻蜓、豆娘最為引人注目；蜻蜓軀體壯碩，飛翔時虎虎生風，宛如空中小飛龍。這類昆蟲常成群飛舞，只要小型飛蟲，例如蚊、蠅、浮塵子、飛蝨之類，無意中闖進「活陷阱」

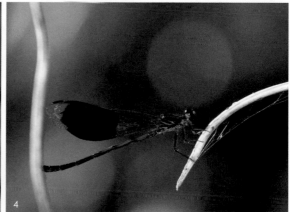

3 4

1. 蜻蜓與豆娘最重要的差異特徵在於,眼的型狀與位置,蜻蜓為合眼式。
2. 豆娘為離眼式,且翅膀合置。
3. 薄翅蜻蜓棲停於葉片上,翅膀張開,翅痣黃褐色。
4. 白痣珈蟌棲停於葉片上,翅膀合置,翅色具有金屬光澤。

中，往往難逃一死。

　　蜻蜓捕食的方式十分奇特，牠們肢腳多毛，發現獵物時，能以俯衝方式攫獲獵物；這種捕食方式，簡直和鷲鷹類難分軒輊。至於豆娘，由於軀體纖柔，飛行姿態十分優雅，但別瞧牠們一副文靜的模樣，蚜蟲等小型飛蟲之類一遇見牠們，也難虎口逃生。

　　這兩者的外型神似，但除就軀體大小及活動方式可加以區別之外，蜻蜓的頭部呈圓球狀，豆娘則呈啞鈴狀；休息時，蜻蜓翅平置體側，而豆娘則豎立體背，因此不難區分。在台灣蜻蜓及豆娘的種類，已知者共有一百四十餘種，許多種類，雌雄異型，頗至饒興味！

水薑也是小殺手

　　蜻蜓、豆娘的成蟲堪稱為蟲國殺手；而在水中，牠們的稚蟲也是水棲動物的「小剋星」。

　　這兩類水蟲共同的特徵是具有特化成面具狀的下唇，此面具狀的捕捉器平時置於頭下，如發現獵物時則伸出，以攫捕其他水蟲，甚至魚苗、蝦苗及蝌蚪等。

　　為適應水中生活，這兩者都有特殊的鰓進行呼吸；豆娘的稚蟲，腹末具有三個片狀或瓣狀的尾鰓；但蜻蜓的稚蟲則合；不過，在牠們

1 2
3 4

1. 一種晏蜓稚蟲以腹部末端直腸鰓呼吸。
2. 闊腹春蜓稚蟲以腹部末端直腸鰓呼吸，體型扁平，易於枯葉間躲藏。
3. 一種琵蟌稚蟲以腹部末端外突的尾鰓呼吸。
4. 短腹幽蟌稚蟲以腹部末端外突的尾鰓呼吸。

1. 蜻蜓稚蟲用以呼吸的直腸鰓。 2. 豆娘稚蟲用以呼吸的尾鰓。

體內腸末的直腸部分，特化成直腸鰓，此鰓能吸取水中的溶氧，以進行呼吸作用。而由鰓之型式，也就能區分此兩類稚蟲了。

在民間，蜻蜓及豆娘的稚蟲均通稱為「水乞丐」，乃食用昆蟲之一；而在蟲界，則稱之為水薑。在湖沼間，水薑通常棲息於水草之間，以佇候獵物；有些種類則潛伏水草底質之間，足見湖沼的小動物世界，依然暗藏殺機，步步驚魂！

水黽足細長，末端具有防水毛，可以克服水面張力，在水面上自由滑行。

水黽成群賽八仙

除了蜻蜓和豆娘之外，宛如八仙悠游水面的水黽，也是常見的水蟲；這類水蟲由於酷似巨蚊，因此民間稱之為「水蚊」。

在湖沼的水面上，水黽類通常成群活動；牠們以奇長無比的中、後腳在水面上輕輕划動；足、水接觸之處，則有一窪陷，原來牠們的足末有叢防水細毛，而這也是牠們不會溺入水中的原因。

這些防水細毛還有另一功用，那就是可感知水面的波動；因此，如有落水的小動物掙扎，牠們馬上能察覺出來，並快速奔往，以捕捉式的前肢攫獲獵物，再分泌唾液，將獵物痲痹，並吸乾牠們的體液。

 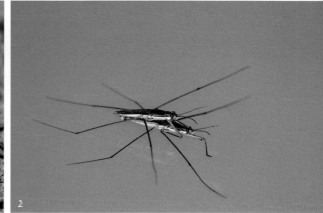

1. 水黽捕食落水的小昆蟲。　2. 水黽於水面上進行交尾。

成群的水黽除了有助於攝食效率之外，也常成為「集體結婚」的場所；受驚擾時，這些水蟲會快速避逃，甚至跳躍的方式逃之夭夭。

松藻蟲——水中小船伕

在清澈的湖沼中，如仔細端詳，也常能見及一群通常只有0.5-1公分的小水蟲，以牠們特長的後肢，在水中划水；有時候，牠們甚至倒著身子，以腹部朝向水面，划呀划的，一副悠閒的樣子，惹人憐愛！

這類小水蟲，就是有「仰泳蟲」之稱的松藻蟲；別小看這些水蟲，牠們可也是殺蟲不眨眼的水中小惡霸。在水中，其他小水蟲及魚及蝦苗經常成為牠們的獵物。捕食方式也是先以前足固定獵物，再以粗短的口器猛刺，並分泌唾液，將獵物麻痺然後分解，把蟲體吸乾。不過，牠們也會成為較大食蟲性魚類的佳餚。

松藻蟲常在湖沼岸邊的水底及水面活動，成群時數目頗多。有時候，游累了，也會藏身水草之間；如被人捕獲，則以其長腳在掌中、地面跳動個不停。如將牠們放進含有些許水的淺盤中觀察，則可見及細長的後腳上，密生無數長毛，這些長毛可增加槳狀後肢的划水效率。

豉甲、龍蝨及牙蟲都是水棲小甲蟲

往湖沼稍深些的水域，則可見許多黑得發亮的甲蟲在水中穿梭；有些種類，例如豉甲常群集水面，作漩渦式的游動。另外一些種類，例如俗稱「水龜」的龍蝨及牙蟲，則以其壯碩的軀體，活動於水面及水底之間的水域；牠們游水時，幾乎橫衝直撞，常把一些淡水魚、小水蟲逼得走投無路。豉甲、龍蝨的成蟲、幼蟲全都是肉食性昆蟲，牙蟲則偏雜食；牠們除能以體毛附著氣泡呼吸之外，也常把腹末的氣孔突出水面，以交換氣體。

而在這三類水棲甲蟲中，以龍蝨的成蟲活動力最強；牠們有發達的游泳腳，身體亮麗，如被人捕獲，由於翅鞘軀體滑溜溜的，常脫手溜走。在台灣民間，這三種小水蟲也是食用昆蟲之一。

負子蟲父愛最有名

在湖沼的小水蟲中，最為人所稱道的行為是負子蟲的護卵行為；這種水蟲也是肉食性昆蟲，以水中之魚苗、蝦苗、蝌蚪及其他小水蟲為生，雄蟲尤為兇暴，因此雌蟲在交尾後常把卵產於雄蟲背上，由雄蟲保護。

雄蟲背上的卵塊，數量約三、四十個；雄蟲背負這些卵徜徉水

中，直到一隻隻的小若蟲孵出為止。然而，此種護子行為卻僅止於卵期，如果小若蟲孵出時，成蟲食物不足，則若蟲仍會遭到成蟲之捕食。

負子蟲之捕食行為也是利用分泌唾液將獵物螫昏，再予以吸乾體內之內含物。此種水蟲雖然只有一公分左右，但個體比牠們大的魚苗、蝌蚪若被攫住，也難逃一死。

在湖沼中和負子蟲同屬於田鱉科之大型水蟲——田鱉，在平地之塘沼已難得一見，但在山區之湖沼偶可見及；這種大型水蟲，體長每每可達七、八公分之譜。在南洋地區，此種大型水蟲是之食用昆蟲之一。

由於負子蟲及田鱉具趨光性，因此入夜之後常可在燈光活動，因此入夜之後可在燈光下見及此蟲；過去，在台灣民間，有人捕捉這些昆蟲為食。

紅娘華水中之怪蠍

湖沼之岸邊，常有水草繁生，在水草之間常可見及一種外型酷似蠍子的水蟲——紅娘華；牠們身體扁平，腹部寬大，前腳呈捕捉式，腹末具一由尾毛特化之長形呼吸管，樣子頗為駭人！其實，牠們行動

遲緩，對人無害。

但是在湖沼之中，牠們也是殺手級的水蟲之一，也能捕食魚兒、蝦及其他水蟲。這種水蟲雖活躍於水中，可是每隔一段時間必會浮上水面，伸出長形呼吸管攝取氧氣。

徜徉於水草之間的另一種同屬於蠍椿科之水蟲為水螳螂；牠們外型和紅娘華相似，只是軀體較為瘦長；然而，由於前肢呈捕捉式，和螳螂神似，故而得名。

水螳螂的食性、捕食行為和習性和紅娘華相似，牠們也有長形的呼吸管。同時，這兩類水蟲也都具趨光性，成蟲入夜之後，如受光誘

1. 水螳螂外型類似螳螂，以呼吸管伸出水面呼吸。　2. 紅娘華也具有細長的呼吸管，體型較水螳螂粗短。

會飛至燈下。

靜水型水蟲的天地

　　湖沼之水流頗為緩慢，因此泰半棲息其中之水蟲均屬於靜水型的種類；一些流水型的水蟲，例如石蠅、蜉蝣等之稚蟲及石蠶蛾的幼蟲，通常只見於終年流水潺潺之瀑布石壁或湖沼銜接之河中。只有少數種類之蜉蝣稚蟲、石蠶蛾幼蟲及石蛉幼蟲會出現在此水域。

　　不過，在有機質較多之湖沼，或在周圍因雨形成之小水池中，卻還可見及另一類雙翅目的幼蟲；這些水蟲，通常以孑孓類為主，牠們大多以湖沼中的有機物為主。

　　想不想探訪這些優游水中的小蟲呢？

河蟲大追蹤——
河域生態系中的水棲昆蟲

曾文溪上游的生態完整，是水生昆蟲的天堂。

　　水棲昆蟲是構成河域生態系的重要成員，過去却少有人去觀察、注意。但是對於食蟲性的魚類來說，可絕不會放過這些食餌……。由於水棲昆蟲種類繁多，也視河域適當環境棲息，近些年來已被當成「生物指標」以評定水質。對河域生態、對知性之旅，水棲昆蟲都是值得大加追蹤的資源！

　　「走，全班到內雙溪烤肉吧！」

　　「嗯，這幾天天氣不錯，一塊兒上坪林露營吧！」

　　「老陳，聽說石碇的溪哥魚又肥又大，我們下午一道兒去釣吧！」

　　在假日，尤其是在炎熱的夏天，成羣結伴前往溪流上游烤肉、露營、垂釣的風氣，似乎越來越盛。然而，一到溪邊，「例行」的活動除了吃吃玩玩，聊天、游泳、釣魚、抓蝦之外，幾乎很少人進行「水蟲追蹤」，也可以說很少人知道河裡面竟然也有昆蟲生活著。所

以，對河域生態、對知性之旅、甚至對喜歡釣魚的人來說，水棲昆蟲倒是一種極值得開發的「自然資源」。這怎麼說呢？

河域生態系的重要成員

我們都知道，構成河域生態系，除了潺潺的流水、礫石、泥沙及魚、蝦、螃蟹之外，水棲昆蟲占一相當重要的地位。因為在河域生物的食物鏈、食物網中，牠們扮演著舉足輕重的角色。尤其是對於食蟲性的魚類來說，水棲昆蟲是牠們最主要的食餌。就以目前被視為「活國寶」的台灣鱒（櫻花鈎吻鮭）為例，據日人上野益三的研究發現，牠們的食物中，水棲昆蟲幾占百分之九十五以上，其中以毛翅目、蜉蝣目及襀翅目水蟲幾占大半。

也由於水棲昆蟲是魚類重要的食餌，一些熟諳溪釣的「老釣客」在釣魚時，經常就地取材，利用這種「蘊藏量」豐富的活資源權充釣

以枯葉為隱身場所的石蠶蛾幼蟲。

餌，而且往往大有斬獲。所以，喜愛釣魚，可是老是責怪「手氣欠佳」的朋友，也許可試試水蟲。

棲息河域的水蟲，種類繁多；由於不同種類都有其適合的環境，例如河床底質、水質……等，因此近些年來，有不少學者也以這類蟲兒，當作「生物指標」，以做為評定水質的依據。以鄰近的日本來說，目前已訂定特殊種類的水蟲做為主要河川有無受到污染及受污染程度的生物指標。在台灣，台大昆蟲保育研究室也曾協助環保署編訂水棲昆蟲指標生物手冊。

所以，今後大家如到溪流玩時，不妨翻翻流水中的石頭，瞧瞧匍匐其上的各式水蟲；或注意河邊的水窪，觀察瀑布的石壁、沙灘，找

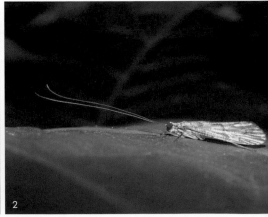

1. 以細砂作成的巢，石蠶蛾幼蟲隱身其中。
2. 棲停於葉片上的石蠶蛾成蟲。
3. 扁蜉蝣稚蟲棲停於石頭上，體型扁平且腹末有中央尾絲及尾毛，共三枚。
4. 棲停於葉片上的蜉蝣成蟲。

找看，是不是有水棲昆蟲生活著。

適應水中生活的結構

　　水棲昆蟲的祖先究竟何來，一直是昆蟲學家所感興趣的；但是由學者們的研究得知，雖然有些水棲昆蟲是生活在水域內，但也有不少水棲昆蟲原係生活於陸地上，由於在演進的過程中，無法適應陸地環境，有些種類又進入全部水中生活；而也有些種類在某一生長期生活於水中，但等到蛻變為成蟲時，則又在地面上活動。

　　然而，為了適應水中的生活，牠們在形態及結構上也就有些變化；例如，為了減少阻力適於中水活動，許多水棲昆蟲，像蜉蝣的稚

3　4

蟲，都衍生扁平或流線型的身體；觸角也變得短短的。還有，為防止被水流沖走，像扁泥蟲、網蚊幼蟲具有吸盤，吸附在石頭上；石蠶蛾的幼蟲體末有鉤爪。為了使游泳的效率更高，龍蝨的成蟲、仰泳蟲（松藻蟲）的成蟲，後腳相當發達，密生長毛，宛如划槳一般。

另外，由陸地進入水中，最應謀求解決的是呼吸問題；而大多數的水棲昆蟲都具有鰓，例如石蠅稚蟲、蜉蝣稚蟲及某些毛翅目幼蟲、石蛉幼蟲。除此，有些水蟲具有能伸出水面呼吸的呼吸管，像紅娘華、水螳螂就是典型的代表。

石頭上的小違章

由於水流的緩急，河床的底質及河中的物理環境不同，所棲息其間的水蟲，各異其趣。就以急流中的石頭上來說，如仔細審視，往往可尋獲三類水蟲，石蠶蛾的幼蟲、石蠅稚蟲及蜉蝣稚蟲。

石蠶蛾的幼蟲呈長筒形，屬於毛翅目，幼蟲樣子和毛毛蟲十分相像；由於牠們體內具有一絹絲腺，因此能吐絲結巢。一般，牠們常利用絲和河中的礫石、枯枝或蜆殼造各式各樣的巢，然後棲息其中，攝食各種有機物或捕食水中的水生物。有些種類，例如網石蠶，甚至會如蜘蛛結網般地，在露出水面的石上結網，以濾取水中的有機物為

食。

　　通常，這些幼蟲生活於水中約數月至一年之久，並在水中化蛹；但羽化的成蟲便在水邊的植物上活動。入夜之後常會被誘至燈下。成蟲如蛾，有長絲狀的觸角，飛翔時宛如跳躍一般。由於幼蟲、成蟲全都是魚類的食餌，因此被視為益蟲，還有，幼蟲是天然的釣餌。不過在水廠或水力發電廠中，由於有些種類大量發生時會結巢羣聚水路的內壁，減少水流量，也使發電量減少。據一九五〇年日本發送電株式會社的報告得知，在當時全日本兩百八十九個水力發電廠中，因某些毛翅目種類會築巢阻塞出入水口，而造成發電量的損失。

蜉蝣果真朝生暮死？

　　對國人來說，蜉蝣是一種著名的蟲兒；因為自古以來，騷人墨客經常以蜉蝣比喻人生的短促。其實，在蜉蝣之中固然有些種類的成蟲是「朝生（羽化）暮死」，但絕大多數種類通常能活一至三週。至於稚蟲，雖然也有一、兩個月就能蛻變為成蟲的，但是絕大多數種類，稚蟲往往長達一至三年。所以，如就整個昆蟲的生活史來說，以蜉蝣譬喻人生短暫似不甚合適，因為常見的蚊、蠅生活史都只有幾天，遠比牠們為短；可是如說「人生如蠅」、「人生如蚊」，卻毫無半點兒

「詩意」,可不是?

　　蜉蝣的稚蟲通常扁平,體呈長形,腹末有二至三根長尾,除少數浮游性種類外,大多數種類匍匐於石頭上,而且十分活潑。在流水中的石頭上,常可發現牠們和石蠅稚蟲、石蠶蛾幼蟲共棲。

　　稚蟲老熟時,會爬出水面。然後在露出水面的石頭或水生植物上羽化。晨昏之際,這些羽化的織柔水蟲常在河面羣飛交尾,入夜後會被誘至燈下。由於牠們的稚蟲、成蟲全都是魚類的食餌,因此常被當成益蟲。還有,大型的稚蟲也可權充釣餌。

石蠅、蜉蝣稚蟲頗相像

　　石蠅也是匍匐石頭上的常見水蟲,身體扁扁的,外型和蜉蝣稚蟲相像,兩者間主要不同處是,石蠅稚蟲三個胸節明顯分離,而蜉蝣稚蟲的胸節較密合。其次,石蠅稚蟲有胸鰓無腹鰓,而蜉蝣稚蟲無胸鰓,但具有腹鰓。

　　這類水蟲,稚蟲期往往長達一至四年之久,也是魚類重要食餌;至於牠們的成蟲,有發達的兩對翅,軀體呈長形,常出現在水邊植物上。雌蟲每次可產五、六千粒卵,卵呈塊狀,產於水中或水生植物之間。

1.2. 石蠅稚蟲一種，位於胸部兩側具有明顯的氣管鰓。
3. 扁蜉蝣稚蟲一種，棲停於水中的石頭上。
4. 四節蜉蝣稚蟲一種，棲停於水中的石頭上。

蜻蜓、豆娘的大本營

　　而在翻動流水中的石塊時，常可發現河床淺灘或礫石之間有水薑、石蛉幼蟲、紅娘華及水螳螂棲息著；不過，這些蟲兒大多徜徉在較緩的水流區。

　　水薑，俗稱「水乞丐」，這是由於牠們的下唇特化成長杓狀，捕食獵物時會向前伸出，宛如沿門托缽的乞丐一般而得名的。

豆娘稚蟲的口器。

水薑的口器特化成面具狀的捕食工具，由下唇所特化，是水中的打獵高手。

青紋細蟌於水中枯枝上產卵，雌蟲將腹部弓起，再將卵產下。

這些水蟲，是河域昆蟲，甚至是小魚小蝦的剋星，因為牠們就是依賴牠們做為食物。在河中，所能發現的水蠆分成兩類；一種是軀體粗壯，無外鰓；另一種是軀體纖細，腹末有三個瓣狀或片狀的鰓。

前一種老熟之後，爬出水面，蛻變成蜻蜓，而後一種則羽化成豆娘。不管是蜻蜓或是豆娘，牠們全都是肉食者，飛行速度也相當快。

這兩種水蟲成蟲，飛行能力甚強，交尾方式也甚特殊；在交尾後，雌蟲會把卵產進水中，這也就是所謂「蜻蜓點水」的現象。

水螟蚣無毒但駭人

在水中，首次發現「水螟蚣」——石蛉的幼蟲時，大多數的人可能都不太敢接近，因為牠們長得一副螟蚣的模樣，極為駭人；其實，牠們儘管被抓時會作咬人狀，但並沒有毒，而且人即使被牠咬了，也沒什麼感覺。

這種水蟲，以河中的水蟲、小魚及小蝦為主食；成蟲通常活躍於水邊的植物上；由於成蟲的吸收顎頗銳利，因此在捕抓時應特別小心，以免被咬。不過，在中國南方，有不少民眾喜歡捕食這類水蟲。

扁泥蟲有吸功

在瀑布的石壁或急流的岩石上，如仔細觀察，常可發現一個個扁圓形的小怪物附著其上，如用手指想把牠們挑起來，還得費點兒勁呢！原來這類俗稱水錢的扁泥蟲長有吸盤，能緊緊地附著於石壁、岩上；扁泥蟲是一種甲蟲的幼蟲。

具有吸盤的水蟲除了扁泥蟲之外，還有雙翅目網蚊科的幼蟲；這種水蟲節間縊縮，上有叢毛，不難識別。還有，如運氣好的話，也許能找到水螟幼蟲，這是蛾類中生活於水中的少數種類。

1. 斑石蛉的幼蟲又稱為水蜈蚣，在水中捕食小昆蟲為生。
2. 附著於石上的扁泥蟲幼蟲。
3. 附著於石上的網蚊幼蟲。
4. 附著於水中葉片上的水螟蛾幼蟲。

水窪之中藏玄機

　　河流的水位，常因季節及雨量的變化，河床迭有升降的現象，因此在主流的兩側，經常能發現水窪；在這些水窪中也有昆蟲生活著。

　　以大型的種類來說，紅娘華、水螳螂、負子蟲及龍蝨、鼓甲常出沒在這些地方。紅娘華狀似蠍子，屬於半翅目；牠們有針狀的口器，腹末還有一根長尾毛所特化的呼吸管。而水螳螂和紅娘華同類，只是體軀比較瘦長；由於前肢呈鐮刀狀，有幾分螳螂相。這兩類水蟲，全都是肉食性的水蟲，能分泌唾液把魚、蝦和其他水蟲螫昏，再吸食牠們的體液。還有，牠們有趨光性，常在夜間飛至燈下。

負子蟲是一種中、小型半翅目水蟲，由於雌蟲會把卵下在雄蟲的背上而得名。這種水蟲，也是肉食性，常在靜水及河邊積水的小塘沼中出沒。

龍蝨俗稱「水龜」，牠們和鼓甲都是水棲的甲蟲；成蟲、幼蟲全都以魚、蝦及水蟲為食，而牙蟲則為雜食；在鄉下，目前有人還吃這兩種水蟲。

大家都知道，蚊子的分布，無遠弗屆，所以在許多河邊小水沼中，常可發現成羣的孑孓，忽上忽下，活潑極了！至於會仰著身子游泳的松藻蟲，有對長槳狀的後腳，游水時，就如同小船伕一般。

水黽見義勇為

其實，除了生活於水中的蟲兒之外，一到河邊，放眼一看，最容易觀察到的動物是水黽；牠們常如八仙過海般的，在水面上四處巡邏。如發現其他蟲兒掉進水中，牠們會即刻前往；可惜的是，牠們並不是見義勇為，而是準備把「落水蟲」當成獵物。

常有人覺得納悶：水黽體大腳小，為什麼不會淹死水中？原來，牠們的腳下有細密毛，這些密毛帶有油脂，所以當牠們徜徉水面時，會在水表形成一層膜，這樣也就不會沉進水中了。

豉甲成蟲。

群集於水面上的水黽成蟲。

　　河流的上游，受污染情形較小，所以對水棲昆蟲來說，還算是一片樂園；然而，可有人曾注意過牠們？可有人知道牠們在河域生態系中的地位？因此，今後如赴溪邊玩樂，不妨也作作知性之旅，來個「河蟲大追蹤」。當然，如果有雅興的話，不妨以水蟲為餌，來個別開生面的溪釣魚大賽；不過，別忘了把沒用完的蟲兒，再放進河中。

點綴林間生趣多——
森林中常見的昆蟲

對一位學蟲或對昆蟲有濃厚興趣的人來說，「上山採集」、「到山裡捉蟲、捉蝴蝶」，可算是休閒時常做的活動之一；尤其是每年的暑假期間，蟲兒正多，不但以昆蟲為業的人常結伴湧向山間，就是一些業餘昆蟲學者，甚至往昔仰賴昆蟲為生或採集昆蟲以補貼家用的人，也經常不約而同地前往山中。這些人的目的和採集對象也許不同，但不可諱言的，他們全都是為活躍於山間的昆蟲而來的。不過，近十餘年，野生動物保育法實施之後，山上的採集活動也受到一些限制。

　　山和林木幾乎是不可分的，濯濯的牛山雖有昆蟲生活著，但如論

1. 於地面吸水的鳳蝶類。
2. 於山芙蓉花上取食及交尾的赤星椿象。

取食構樹樹幹上流出液體的台灣騷金龜。

數量、種類，必然不多；相反的，蓊鬱的森林，尤其是林相複雜，開發較少的山區，昆蟲的種類和數量，必定十分可觀。

　　台灣雖是蕞爾小島，但是由於地形條件兼具熱帶、副熱帶、溫帶及亞寒帶之特色，氣候及植物相亦十分複雜，因此棲息其中的昆蟲，種類繁多。據估計，至目前為止已發現而經定名的種類，大約在兩萬多種；至於亟待發現的種類，也有四至十萬種之譜。可見台灣不但有「蝴蝶王國」之稱，亦有「昆蟲寶庫」的美譽。

　　然而，這麼多種類的昆蟲中，在棲地為害作物、人畜的重要種類，可能不會超過一、兩千種；因此絕大多數種類的昆蟲，可以說都分布在各不同海拔的山區、林間。這些昆蟲，有長度在一公分以下的種類，例如向來鮮受注意的原尾蟲、跳蟲；也有體長達七、八公分的種類，例如會在低山帶下蛋的台灣大螳和擬態高手竹節蟲。有豔麗動人的蝴蝶、吉丁蟲，也有其貌不揚的蛾類和椿象。有害於人畜的森林的種類；也有可供賞玩或對人類無所謂害益的一輩。所以，如欲細述森林的昆蟲，其所涵蓋的範圍必遍及昆蟲綱中的各目，所應介紹的種類亦必「多如牛毛」。惟在本文中乃就較為大型或較為漂亮的個體，以科級為單位，作一概述。

活躍在灌木叢間的直翅類

　　在灌木叢中或靠近森林的草原，直翅目昆蟲算是最為常見的一羣；一般而言，這些昆蟲除了常在地面活動的蟋蟀類之外，在植物體上出現的有各種蝗蟲、螽斯（紡織娘）、竹節蟲及螳螂。而在蝗蟲中，則以每年九月間出現在草叢或地面的台灣大蝗最引人注目；因為這種寶島產體型最大的蝗蟲通常在此時期交尾、產卵。

　　螽斯是著名的鳴蟲，小型的種類常在白天活動、鳴叫，揚著長長的觸角，十分可愛。而一些大型的種類通常在黃昏昏之後，躲在樹叢

1. 棲停於葉片上的螽斯。　2. 棲停於葉片上的螳螂若蟲。

之間高「歌」；尤其是晚夏和秋天，常為神祕的森林平添幾許熱鬧的氣氛。

竹節蟲向以擬態而為人所嘆為觀止，牠們細竹般的「身材」一停立不動，就宛如枯枝或細草一般。如經騷擾，甚至會曲身蜷腹或作假死狀。

至於螳螂，這是蟲國中的大殺手；牠們通常有良好的保護色，能使獵物疏於注意而遭捕殺。在森林中，牠們是扮演次級消費者的角色，以各種所能捕獲的昆蟲為食，而且有自相殘殺的現象。

1. 體形細長如樹枝的長肛竹節蟲。
2. 體形粗短如枯枝的瘤胸脩。

夏天的森林是蟬的天下

在所有鳴蟲中，最為人所喜愛的，可能非蟬莫屬。在台灣，每年打從五月底起，一直到九、十月間，森林中的蟬聲幾乎不斷；尤其是七、八月間，眾蟬鼓噪，令人耳鳴！

據前人之調查得知，台灣產的蟬約六十種左右；然而牠們出現的時間，並不盡相同，鳴叫的聲音，也各異其趣。至於較為大家所熟知的種類，有熊蟬、黑翅蟬、蟪蛄、茅蜩、薄翅蟬、暮蟬蚱蟟及騷蟬等。

這類昆蟲，幼期生活於土中，生活史往往長達數年；而牠們的成蟲，也只有雄蟲會鳴叫。雌雄的區別是雄蟲在腹下有發音器，而雌蟲則無；蟬屬於吸汁性的昆蟲。而在森林內另一常見的吸汁性昆蟲是會分泌臭味的椿象。牠們之中有部分種類會為害林木，但絕大多數種類是無所謂害益。值得一提的是有一羣酷似甲蟲的盾背椿象，如不細看，常會把牠們當成甲蟲呢！

在半翅目和同翅目昆蟲中，除了蟬和椿象之外，較引人注目的是會分泌泡沫蔽身的泡沫蟲。牠們常把路邊的野生植物點綴得白斑斑地，成蟲時還頗漂亮！以溪頭來說，三、四月間如徜徉林間小徑，常可在路旁低矮的灌叢上發現牠們的芳踪。

蝴蝶為森林披彩衣

　　台灣向有「蝴蝶王國」之稱；每年的六至八月間，如在森林中徜徉，到處都可發現這種有「大自然舞姬」之稱的漂亮蟲兒。尤其是中部埔里一帶的山區，各式各樣的蝴蝶，到處穿梭，令人目不暇給。

　　在台灣，因蝴蝶而享盛名的，除埔里之外，在北部有烏來及面天山；前者以青帶鳳蝶及青斑蝶類聞名，而後者則以大紅紋鳳蝶等鳳蝶及青斑蝶而為人所熟知。還有許多低山帶地區，由於開發，盛況已遠非昔比。

1. 吸食大花咸豐草花的台灣黃蝶。　2. 雙錦斑蛾成蟲棲停於葉片上。

棲停於樹幹上的鳴蟬。

而在中部地區除埔里外，溪頭每年四、五月間的細蝶大發生奇景，也頗令人嘆為觀止。在南部地區，則以美濃、六龜的「黃蝶翠谷」及高雄、台東和屏東山區的「紫蝶幽谷」最為有名。可惜前者卻因闢為觀光區，盛況不再；而後者亦因往昔開發及人為大量的捕捉而漸失特色。至於既大又優美的珠光鳳蝶，如今則已面臨絕種之虞。所以，如欲恢復「蝴蝶王國」的美譽，欲使森林中的夏天更具「特色」，那麼有關蝴蝶的保育工作已刻不容緩了！

　　許多人都知道台灣是全世界單位面積蝶種最多的地方，可是卻不知道台灣的蛾類不論是種類或數目，也是執世界之牛耳。據估計，目

1. 夜行性的長尾水青蛾。
2. 剛羽化的皇蛾。

蝴蝶造型的美麗玉珮。

前已知的種類概在四千至八千種之譜；可是由於大多數種類其貌不揚，鮮受注意。惟展翅長可達二十公分的皇蛾及阿娜多姿的長尾水青蛾，則頗受愛蟲人的喜愛；尤其前者，由於可做成裝飾品，在一九六〇～一九七〇年代曾有人在山邊栽種番石榴養殖呢！

在蛾類中可供賞玩的除了上述兩種之外，還有天蛾類的幼蟲；此科幼蟲，體型可達五、六公分，許多種類體具眼點，如受騷擾會顯現出來，可放手中把玩，宛如「活玩具」般。惟在蛾類之中，也有部分種類是害蟲，宜加注意；那就是常為害針葉樹的松毛蟲及會引起皮膚過敏搔癢的毒蛾及刺蛾類幼蟲。

甲蟲是森林中的旺族

在台灣，種類最多的昆蟲是俗稱甲蟲類的鞘翅目昆蟲；據估計，已知的種類約四千種之多；其中絕大多數都出現在山區。

而在這些甲蟲中，較大型或漂亮的種類，包括獨角仙、台灣長臂金龜、鹿角金龜、鍬形蟲類、吉丁蟲類、叩頭蟲類、象鼻蟲類及天牛類等。

獨角仙是名聞遐邇的「名」蟲，雄蟲有大角，可鬥可玩，堪稱為「寵物昆蟲」。台灣長臂金龜體長約六、七公分，雄蟲前肢長達十餘

長臂金龜是森林中的巨無霸。

棲停於枯枝上的台灣肥角鍬形蟲雄蟲。

公分，是甲蟲王國中的「巨無霸」。鹿角金龜乃以雄蟲具鹿角狀突起而得名，是台灣的特產種，也是台灣昆蟲學會的會徽。

而鍬形蟲類是以大顎特化為鋏角而為人所熟知。在台灣，已知的種類有五十餘種；外型威武，惹人憐愛。其中例如扁鍬形蟲類、齒鍬形蟲類，均為常見的一輩。至於吉丁蟲、叩頭蟲類，則以具有豔麗外表的種類較為人們所喜愛。另外，象鼻蟲亦然；其中較受注目的有大象鼻蟲及圓紋硬鼻蟲等。

天牛，由於幼蟲會蛀食樹木的枝條、樹幹，因此在台灣產七百種之中有部分種類是森林害蟲。在此類中，像紅豔天牛、虎斑天牛、霧社血斑天牛，都是頗吸引人的種類。另外，四星步行蟲、台灣擬食蝸步行蟲，也頗具特色。

台灣的許多河流，均衍自山區，所以在森林中河流的上游、溪谷，也有不少水棲昆蟲生活著。就以蜉蝣目中的蜉蝣，是襀翅目中的石蠅，蜻蛉目中的蜻蜓、豆娘及毛翅目中的石蠶蛾等來說，牠們的幼期雖都生活在水中，但成蟲羽化之後就穿梭林間，也成為森林生態系中的主要成員之一。其他，例如酷似蜻蜓的長角蛉，會在樹上築巢的棘蟻，會致人於死地的胡蜂及會分解枯木的白蟻，也都是森林中常見的昆蟲之一。

來為昆蟲做調查

在台灣有關森林昆蟲的研究，除了農委會林試所已積極進行之外；早年由國科會贊助進行，而由台灣大學及農試所執行的「台灣之昆蟲相研究」，也包括了森林昆蟲相的調查。而現在政府單位也把森林中的害蟲和防治列為重點計畫中的要項；相信今後這方面的研究在國內諸專家、學者的合作耕耘之下，必將有斐然的成果。惟國內專業性的昆蟲人員畢竟有限，所以對此方面有興趣之業餘同好，亦不妨選就某一類群或種類進行調查、鑽研，共為「研發」此一自然資源而努力。

1. 交尾中的吉丁蟲。　2. 交尾中的獨角仙。

夾縫中求生存的昆蟲──
台灣瀕危和珍稀昆蟲

台灣位於歐亞大陸東南隅之東太平洋上，地理位置橫跨熱帶與亞熱帶，氣候溫暖，夏季的西南氣流與冬季的東北季風，帶來充沛的雨量，有利於植物的生長。林相包含了熱帶雨林、闊葉林、針葉林、箭竹草原和高山寒原，植物種類繁多，致使昆蟲種類豐富，包括了四百種的蝴蝶、四千多種的蛾與近四千多種的甲蟲，其中不乏台灣特有的種類和許多珍貴稀有的種類；如寬尾鳳蝶、大紫蛺蝶……等等。所以在全世界的昆蟲研究者眼中，「台灣」並不是一個陌生的名字。而台灣的昆蟲亦是昆蟲研究者眼中的最愛之一。不過往昔台灣昆蟲也有過度利用之虞，在經濟學的角度中，有「需求」就有「供給」，在這種「供不應求」的情況下，勢必發生更多的捕獵行為，以達到市場需求，再加上人為的開發壓力，有些昆蟲的生活空間愈來愈窄，但是這些生物何其無辜，必須在人類「功利主義」和「私慾」的夾縫中求生存！有鑑於此，農委會於一九八九年頒佈野生動物保護法公告：包括大紫蛺蝶、寬尾鳳蝶、珠光鳳蝶等三種蝴蝶為「瀕臨絕種保育類野生動物」，以及台灣大鍬形蟲、長角大鍬形蟲等十五種「珍貴稀有保育類野生動物」，合計共十八種。筆者從事保育類昆蟲的野外調查工作已有多年，有感於近年來保育之風盛行，是故本文擬述這些生物的生態與現況，這群台灣亟待保護的「稀客」。以下就二〇一〇年尚

未修正前的十八種保育類昆蟲的現況、分布、棲地及所面臨的問題做一研究總結，並將野外所觀察到之生態、行為和所調查到的棲地分布做最詳實之揭述，並為這些在夾縫中求生存的昆蟲請命。

一、台灣爺蟬

Formotosena seebohmi

台灣爺蟬為台灣特有種，由於其胸部背板有青綠色的狐狸頭花紋，在南部亦有「狐狸蟬」的別稱。由於其體型大，紋路色澤奇特，在早期的外銷標本中平均每三個標本框中就有一個有台灣爺蟬。由年邁之採集者的口中得知：過去的台灣爺蟬，一次採集都可以採獲數十個麻布袋，令人聽了為之咋舌！現在台灣爺蟬的分布則集中在高雄及墾丁地區，中部地區的惠蓀林場和九九峰偶有紀錄，數量

台灣爺蟬棲息於樹幹上，發出低沉的叫聲。

稀少，有絕種之虞。這種過去如此
常見的昆蟲，竟在短短的幾年內變
成如此稀少，在低山地區的不斷開
發下，台灣爺蟬是否能承受得了如
此的衝擊，實在值得人們深思！而
此種昆蟲生活史不明，生活習性不
詳，亟待研究。

二、津田氏大頭竹節蟲

Megacrania tsudai

　　津田氏大頭竹節蟲成蟲體長可
達十五公分，為台灣產竹節蟲中體
型最大的種類，具有鮮綠的體色，
僅以林投為食，分布於台灣南端墾
丁一帶，綠島亦有分布，但兩地的
津田大頭竹節蟲外型略有不同；綠
島的族群體色偏綠，而墾丁的族群
體色偏黃，為典型的濱海性生物，

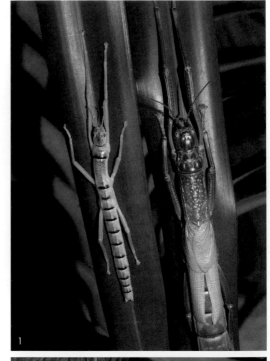

1. 津田氏大頭竹節蟲成蟲與若蟲皆取食林投葉。
2. 渡邊氏長吻白臘蟲成蟲與若蟲皆取食烏桕。

日本的琉球群島亦有分布。

　　津田大頭竹節蟲喜愛躲藏於林投葉中肋凹陷部分，取食時離開葉基至葉尖取食，取食完畢後再回到基部中肋凹陷處。而其糞便直接排放於林投葉基部；卵亦產於葉基部，卵呈「手榴彈」形狀，顏色與糞便相似，均呈褐色，目的在於保護蟲卵，使其不易被發現。冬季時以卵越冬，成蟲具翅，但飛行能力差，故族群呈點狀分布。此種昆蟲受驚嚇時由胸部背板分泌乳白色液體以為防禦功能，此分泌物可令天敵產生嘔吐排斥之感。此種昆蟲由於體型大，顏色鮮豔，所以遭受極大的獵捕壓力，海岸林棲息地的破壞亦非常嚴重，為目前刻不容緩所應解決的問題。

三、渡邊氏長吻白蠟蟲

Pyrops watanabei

　　本種並非台灣特有種，亦分布於中國大陸廣東、廣西一帶，為台灣產蠟蟬科昆蟲中最大型的一種。本種目前在台灣的分布集中於北台灣地區，其中以台北縣市的低山帶，如：南港、天母、三芝、陽明山及桃園縣復興鄉爺亨一帶有較穩定的族群。

　　渡邊氏長吻白蠟蟲的體表覆蓋著白色蠟質粉末狀物質，常群聚於

烏桕樹上，一棵烏桕樹上常可發現數十隻個體；本種昆蟲生性敏感，活動敏捷，遇敵人接近時，會迅速跳離烏桕樹飛往他處棲息，生活史不明，亟待研究。由於頭部獨特的造型，再加上雪白的顏色，因而成為昆蟲收藏家眼中的最愛，又由於其群聚的特性，故易遭商人們大量捕獵。渡邊氏長吻白蠟蟲之棲息地為低海拔區域，與台灣爺蟬一樣面臨相同的開發壓力，目前數量尚多，希望不會步上台灣爺蟬的命運。

四、台灣大鍬形蟲

Dorcus formosanus

台灣大鍬形蟲為台灣特有亞種，從平地（墾丁、恆春、六龜及烏來一帶）至中海拔地區（大雪山森林遊樂區、梨山、觀霧及尖石）皆有分布。成蟲全年可見，以四月至八月居多，寒冷的一、二月亦可發現其蹤跡；夜晚具有趨光性，常飛至路燈下，再加上性喜鳳梨發酵味道，易於誘捕。此蟲大型個體體長可達七公分以上，黑市價格甚高，動輒數萬元，為日本昆蟲玩家最喜愛的台灣甲蟲。由於個體大，成蟲壽命長（可長達兩年以上），在日本已成為另類寵物飼養，並發展出許多真菌性食物供其幼蟲取食，成功飼育出許多大型個體。

每年四月至八月，仍有些日本昆蟲愛好者不遠千里飛來台灣至各

台灣大鍬形蟲雄蟲。

山區盜獵捕或購買此蟲。唯此蟲之生活史及生態並無正式報告記載，甚為可惜。此鍬形蟲於野外嗜食青剛櫟、栓皮櫟樹液，白天喜躲藏於樹洞中，不易被發現，夜晚則會受燈光誘集，易於獵捕。幼蟲取食枯木，並化蛹於枯木中，生活史五個月至兩年不等。

五、擬食蝸步行蟲

Carabus (Coptolabrus) nankotaizanus

擬食蝸步行蟲為台灣產步行蟲中體型最大型的一種，為台灣特有種，廣泛分布於全台平地（如：花蓮）至高海拔地區（如：南湖大山），模式標本採集於南湖大山，除南湖大山之原名亞種 *Carabus*（*Coptolabrus*）*nankotaizanus kano* 外，另有三亞種：*C. n. inopinatus*、*C.n.miwai*、*C.n.shimonoyai*，分別分布於卑南主山（*C. n. inopinatus*）、大雪山（*C.n.miwai*）和達觀山（*C.n.shimonoyai*）。本種步行蟲後翅退化，翅鞘癒合，不具飛行能力，於森林底層捕食蛞蝓、蝸牛、並取食腐爛之水果及野生動物屍體，以大顎將獵物麻醉再行取食，行動敏捷，爬行速度快，遇天敵時會高舉腹部，自腹部末端噴出腐蝕性液體以驅趕敵人。

擬食蝸步行蟲之生活史依筆者野外調查發現，此步行蟲一年一至

三世代不等，生活史為三至四個月，雌蟲將卵產於土中，幼蟲亦以蝸牛、蛞蝓為食，為夜行性之種類，於土中化蛹，蛹呈米黃色具油性光澤，冬季時以成蟲形態越冬；由於此蟲腹部翅鞘有許多瘤狀突起，狀似苦瓜，故有「苦瓜蟲」的別稱。擬食蝸步行蟲體型大，顏色豔麗。

六、台灣長臂金龜

Cheirotonus macleayi formosanus

顧名思義此蟲之雄蟲前足特長，可達十五公分為台灣產甲蟲中最大型的一種。台灣長臂金龜胸部背板具有綠色之金屬光澤，腹部腹面廣被黃色短毛，為台灣特有亞種，具有極佳的攀附能力。成蟲夜晚趨光，活動時間以夜間為主，幼蟲以朽木下方之腐植質為食，生活史四年，分布於全台中海拔山區，如：拉拉山、杉林溪森林遊樂區、藤枝森林遊樂區、太平山、觀霧、武陵、梨山、尖石皆有分布，目前族群數量尚多。

七、蘭嶼大葉蟴

Phylophorina kotoshoensis

蘭嶼大葉蟴為台灣特有種，目前分布於蘭嶼東清、朗島、野銀

擬食蝸步行蟲。

1. 蘭嶼大葉螽斯成蟲。　2. 蘭嶼大葉螽斯若蟲。

和綠島全島。成蟲體長可達八至十公分；此蟲前胸背板發達寬大呈菱形狀，後足發達，具有良好的彈跳能力，喜躲藏於山葡萄科藤蔓與低矮灌層所形成的樹林中，全身翠綠色並具有葉脈形狀之紋路，不意被發現。食性廣，在野外主要以山葡萄科植物為食，受驚嚇時會發出「ㄐㄧㄐㄧ」的聲音驅趕敵人。

八、霧社深山天牛

Aeolesthes oenochrous

霧社深山天牛又名霧社血斑天牛，全身被覆著血紅色金屬光澤的

絨毛。雄蟲觸角較長，可達體長的兩倍；雌蟲觸角長度與身體相當。成蟲出現於每年的三至五月，生活史不詳，能供參考之文獻不多；依據筆者的野外觀察發現，霧社山天牛會於山櫻花的樹枝上交尾，雌蟲會啃咬樹皮將卵產於樹皮裂縫內，卵期約兩個星期，孵化後之幼蟲即鑽入山櫻花之樹幹內取食其木質部，並化蛹於樹幹中，翌年四月羽化，在山櫻花的樹幹上造成直徑三～六公分不等的羽化孔；由於幼蟲取食山櫻花的木質部，常造成小株之山櫻花植株死亡。此蟲並非只出現於霧社地區，經調查發現，在宜蘭、桃園、花蓮、南投都有分布，而此昆蟲亦非台灣特有種，也分布於中國南部，目前族群穩定，並在持續擴散中。由於體型大，顏色豔麗，常成為商人覬覦的對象。

1

2

1. 霧社血斑天牛的幼蟲蛀食樹幹，造成樹幹上的孔洞，影響水分輸送，樹葉枯萎後死亡。
2. 霧社血斑天牛幼蟲會將糞便排出孔外，如木屑狀的排屑物。

霧社血斑天牛，翅鞘上具有絨毛狀的紅色細毛。

九、大紫蛺蝶

Sasakia charonda formosana

大紫蛺蝶在分類上屬於蛺蝶科（Nymphalidae）、閃蛺蝶亞科（Apaturinae）、紫蛺蝶屬（Sasakia）。一九五七年被日本鱗翅學會選定為日本的「國蝶」。目前大紫蛺蝶的族群主要分布於桃園巴陵一帶及新竹尖石，筆者於台中梨山及花蓮天祥亦發現新的族群；此蝶為台灣產蛺蝶科中最大型的種類，雄蝶翅背具有紫色金屬光澤；雌蝶則為黑褐色，僅在某一角度下才會呈現紫色。其為一年一代的蝶種，發生於每年五至七月，成蝶會於河谷或森林邊緣做「老鷹式的盤旋飛行」，喜吸食青剛櫟、栓皮櫟的樹液；梨山地區之大紫蛺蝶則以水蜜桃之落果為食。此蝶領域性強，會追趕誤闖領域的蝶隻。幼蟲以沙朴（*Celtis sinensis*）為食，雌蝶將卵產於葉面、葉背及葉基，孵化後的一齡幼蟲會啃食卵殼以補充營養，並可避免被天敵發現。每年秋季當沙朴的葉子變成黃褐色時，大紫蛺蝶的幼蟲體色亦會由綠色轉為黃褐色，並爬行至落葉堆中越冬，翌年初春，沙朴再度萌芽時，幼蟲便再爬回沙朴取食，並脫皮轉為綠色。幼蟲體長可達至九公分，於四月底時在葉背化蛹，蛹呈綠色，蛹殼表面具有葉脈之紋路，不易被發現。

該蝶於五月上旬開始陸續羽化；筆者對此蝶種做了五年的連續監測發現大紫蛺蝶的數量正在急遽減少中，恐有絕種之虞。過去在台北萬華、三峽、新店都有大紫蛺蝶的蹤跡，而現在就連距離巴陵最近的角板山族群都已消失。目前此蝶在角板山的棲地遭受嚴重的破壞，由於淺根性竹子的大量栽植、溫帶果園的相繼開發，致使這種美麗而珍貴的蝴蝶面臨前所未有的浩劫，再加上人為獵捕的的致命一擊，很可能繼萬華、三峽之後走上滅絕之路，衷心的期待政府及相關單位能正視這個問題，留下這國寶級的蝴蝶，讓生活於台灣的子子孫孫都能欣賞到牠美麗的倩影。

十、寬尾鳳蝶

Agehana maraho

寬尾鳳蝶素有「國蝶」之稱，尾部特寬，有兩條翅脈貫穿尾突為其主要特徵。一九三四年由素木得一與楚南仁博所發表，發現地為宜蘭羅東鳥帽子河灘。由於此蝶採集不易，採集此蝶一次必須花費當時幣值約八百元的費用，故有「八百元蝶」之稱。日本人更驚艷於牠的美麗與珍貴，早在日據時代時，便將寬尾鳳蝶列為「天然紀念物」。此蝶種雖然早在一九三四年就已被發現，但遲至今日寬尾鳳蝶的分

布、生態、生活史、族群動態與棲地條件等種種生物學上的資料都缺乏完整的研究。

　　而目前經調查寬尾鳳蝶在台灣的分布有：台北縣三峽、宜蘭縣太平山、獨立山山區、新竹縣尖石鄉及觀霧一帶、台中縣佳陽、梨山地區、武陵農場及北港溪河灘、南投縣帖比倫溪、桃園縣達觀山自然保留區和花蓮縣玉里、富源一帶。

　　寬尾鳳蝶之幼蟲寄主植物為台灣檫樹（*Sassafras randaiense*），由於台灣檫樹為寬尾鳳蝶的唯一寄主，而台灣檫樹本身亦屬於珍貴稀有植物，因此寬尾鳳蝶的分布則受限於台灣檫樹的分布。寬尾鳳蝶的雌蝶

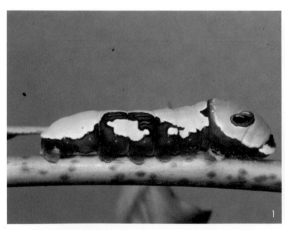

1. 寬尾鳳蝶終齡幼蟲。　2. 黃裳鳳蝶雄蝶棲停於葉上。

喜將卵產於台灣檫樹的嫩葉部位，孵化後的幼蟲即以台灣檫樹之嫩葉為食，幼蟲會於葉面吐絲座，將葉子的外緣向內微捲以為保護，其蛹與枯枝相似，不易被發現。成蝶出現於每年的四至八月，雄蝶喜於濕地及滲水的山壁上吸水，具有領域性，會追趕同種蝶隻；雌蝶喜訪花，受驚嚇時會垂直向上攀昇逃竄。此蝶分布狹隘、成點狀分布、獵捕壓力大為目前最大的問題。

十一、珠光鳳蝶

Troides magellanus

珠光鳳蝶雄蝶後翅在陽光下會閃耀著豔麗的珍珠光澤，猶如貝殼的虹彩般，故名「珠光」。珠光鳳蝶目前分布於蘭嶼地區，台灣本島並無分布，但偶爾可在墾丁發現少數個體。在蘭嶼地區的紅頭、東清、野銀、朗島都有穩定的族群，全年可見，四月及十月為其發生高峰。成蝶喜訪花，於清晨及傍晚時尋花覓食，喜好穿梭於海檬果、長穗木及馬鞍藤花間，並於花上求偶，雄蝶會跟隨雌蝶之後，待雌蝶停憩時與之交尾；筆者數次觀察到其交尾過程都在地面進行，時間約在下午四點三十分左右。珠光鳳蝶的幼蟲可成長至八公分長，寄主植物為港口馬兜鈴，幼蟲食量驚人，並會啃食馬兜鈴之莖部並對馬兜鈴做

環狀剝皮，造成馬兜鈴死亡。

由於開發的壓力，馬兜鈴遭到大量的砍伐，再者，另一種以馬兜鈴為食的紅紋鳳蝶，世代短，繁殖力強，在食物有限的情況下，珠光鳳蝶的食物來源相對地減少。

在蘭嶼的馬兜鈴上找到一百隻蝴蝶的幼蟲，其中大約只有一隻為珠光鳳蝶，其數量稀少可見一斑。目前政府已委託研究單位於蘭嶼地區進行珠光鳳蝶的保育及復育工作，並且栽植大量的馬兜鈴以提供珠光鳳蝶充足的食物來源，同時嚴格查緝非法捕獵，以保護此種稀有的蝴蝶。本種除分布於蘭嶼地區外還分布於菲律賓的呂宋島、巴布煙群島及民答那峨島。

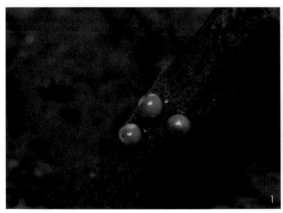

1. 珠光鳳蝶的卵。
2. 珠光鳳蝶的終齡幼蟲。

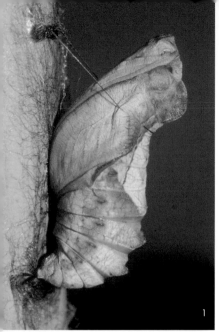

1. 珠光鳳蝶的蛹。
2. 珠光鳳蝶的成蟲於葉上
   交配。

十二、虹彩叩頭蟲

Campsosternus watanabei

虹彩叩頭蟲為台灣特有亞種，胸部背板兩側有兩條紅色帶狀條紋為其特徵。分布於全台灣低山地區，台北縣金山、陽明山、新竹尖石、桃園巴陵、南投惠蓀林場、溪頭森林遊樂區、高雄六龜、美濃皆有穩定的族群。

成蟲出現於每年五月至八月，生活史及生態不明，經野外調查發現，虹彩叩頭蟲喜於柑橘園吸食柑橘樹液，夜晚亦具有趨光性。

十三、妖豔吉丁蟲

Buprestis mirabilis

妖豔吉丁蟲為台灣特有種，全身泛青綠色金屬光澤，翅鞘具有明顯之縱向條紋，兩側並有四塊塊斑，分為綠色型和橘紅色型兩

型，生態不明。人們常將此蟲與五彩吉丁蟲混淆不清，妖豔吉丁蟲之模式產地為中橫之達見。近年來，僅在北橫拉拉山、花蓮太魯閣、中橫洛韶、慈恩一帶及新竹有發現之紀錄，此蟲數量少，據文獻記載可能以松屬枯木為食。

十四、無霸勾蜓

Anotogaster sieboldii

無霸勾蜓分布於台灣、日本、韓國、中國大陸、蘇聯，體長九至十二公分，為台灣產蜻蜓中最大型的一種。其胸部有兩條黃紋，腹部之黃斑發達明顯，可藉以和其他勾蜓科種類區別。

在台灣的分布則集中於新竹以北地區，花東地區也有零星的紀錄。發生期為每年的五至十月，平時以垂掛方式懸掛於植物或樹枝上，晴天時會於空中做巡曳式飛行，領域性強，會追趕誤闖領域的無霸勾蜓，以飛蛾及其他昆蟲為食。

雌蟲會將卵以「連續插秧」的方式產於水域的緩流區，孵化後之稚蟲以小魚、小蝦為食。目前族群數量甚多，陽明山一帶常可見其蹤影。

十五、曙鳳蝶

Atrophaneura horishana

曙鳳蝶為台灣特有種，目前在台灣的分布以台中縣和平鄉、梨山、佳陽、碧綠溪一帶較多，桃園縣復興鄉、南投縣仁愛鄉、杉林溪森林遊樂區、南部橫貫公路和花蓮碧綠神木一帶亦可發現其蹤跡。發生期為每年七、八月，族群數量甚多，喜成群於冇骨消之花間吸蜜，深受賞蝶人士的喜愛。幼蟲以琉球馬兜鈴為食，為一年一代之蝶種，目前數量甚多。由於體型大、色澤鮮豔，深受蝶類收藏家的喜愛。

十六、長角大鍬形蟲

Dorcus schenkingi

長角大鍬形蟲為台灣特有種，大顎較台灣大鍬形蟲修長，成蟲體長可達八公分。由於體型大，個性凶悍，有「黑金剛」的別名。黑市價格甚高，超過八公分之個體黑市價格可達數萬元。成蟲壽命長達二到四年，亦為新興的另類寵物。棲息地為原始闊葉林，分布於海拔六百至二千公尺的山區，其所分布的海拔較台灣大鍬形蟲高。

目前台灣分布的地區有台北縣新店、桃園縣拉拉山、宜蘭縣太平山、思源、啞口、新竹縣尖石、新光、司馬庫司、台中縣鞍馬山、梨

1. 無霸勾蜓。
2. 曙鳳蝶。
3. 虹彩叩頭蟲。
4. 長角大鍬形蟲。

山、碧綠溪、谷關、南投縣奧萬大、杉林溪森林遊樂區、梅峰、南山溪、信義鄉及高雄縣六龜一帶。

喜躲藏於青剛櫟樹洞中或青剛櫟樹與樹交接之夾縫中，夜晚具趨光性，採集人利用此弱點大量捕捉此蟲，目前野外族群數量還算穩定，唯野生大型個體數量甚少。可以人工飼料（菌絲瓶）飼育出大型個體。日本昆蟲玩家對此鍬形蟲的喜好程度不亞於台灣大鍬形蟲，此蟲亦無正式的生態和生活史報告。

十七、黃裳鳳蝶

Troides aeacus kaguya

黃裳鳳蝶可以說是*Troides*屬中分布區域達到最北方的一種，目前廣泛分布於全台灣各地和綠島地區：台北縣三峽、新莊、北宜公路、台北市南港、木柵、桃園縣巴陵、新竹縣五峰鄉、南投縣關刀山、南山溪、彰化縣田中、高雄縣六龜、美濃、屏東縣恆春、墾丁、台東縣知本及花蓮縣紅葉溫泉皆有分布，其中以墾丁一帶最容易見到此種蝴蝶，黃裳鳳蝶喜於清晨及傍晚遊訪於馬櫻丹、海檬果和朱槿花間，領域性強，會於天空巡邏飛行，追趕誤闖領域的蝴蝶和鳥類，飛行時呈現黃綠色光澤，異常豔麗；筆者曾在一九九三年及一九九四年於社頂

1. 黃裳鳳蝶的卵。
2. 黃裳鳳蝶的終齡幼蟲。
3. 黃裳鳳蝶的蛹。

黃裳鳳蝶的雄蝶求偶行為。

公園多次目擊黃裳鳳蝶追趕烏頭翁之畫面，初見此景時，真令人覺得
不可思議，蝴蝶竟會追逐鳥類！這可能是黃裳鳳蝶何以被稱為鳥翼蝶
類蝴蝶的原因吧！本種蝴蝶在野外的寄主植物為港口馬兜鈴及台灣馬
兜鈴，一年多代，幼蟲容易遭小繭蜂寄生，本種目前數量甚多，除分
布於台灣外亦分布於中國大陸南部、印尼、印度和馬來半島，有三個
亞種，目前並無生存上的危機。

十八、台灣食蝸步行蟲

Carabus blaptoides hanae

台灣食蝸步行蟲為大型之步行蟲，全身黝黑不具金屬光澤，為朱耀沂教授於一九六七年發表於日本九州大學期刊上之種類，模式產地為台中縣八仙山之佳保台。此種步行蟲除模式標本外，迄今並無其他標本之採集紀錄，生活史及生態不明，有一近似種僅分布於日本地區，其主食為蝸牛，後翅退化，與本種之外型極為相似，惟本種由於後來均未有學者採獲紀錄，已於二○一○年昆蟲保育名錄修正時予以除名。綜上觀之不難發現，保育類昆蟲多半是以大型、色彩鮮豔者居多。而這些昆蟲被訂為保育種至今已有十一年的時間，在生活環境和棲地條件的不斷改變下，這些保育種昆蟲的種類是否應隨著現況而做調整，仍有討論的空間。其中，台灣食蝸步行蟲至今仍只有模式標本的採集紀錄；妖豔吉丁蟲至今亦只有少數幾筆的發現紀錄。二○一○年台灣昆蟲學會受農委會委託，邀請國內相關學者專家對昆蟲保育名錄做一修訂，修訂名錄如附表所示。

另外，在三種瀕臨絕種的昆蟲中，寬尾鳳蝶數量依舊稀少，唯其棲息地多在國家公園或保護區內，受到較好的保護；珠光鳳蝶方面，政府已投下大量經費在蘭嶼做棲息地重建工作，並在機場做嚴格的管

制，已受到政府的重視；大紫蛺蝶則為此三種瀕臨絕種昆蟲中最危險的一種，經五年來的連續監測發現其數量急遽下滑，目前數量極為稀少，有滅絕之虞。政府可能因為人力不足或經費短缺，目前並無實際的保育措施，實不願見此種美麗的蝴蝶就此消失於台灣的山林中，墾請有關當局能多加正視這個問題。

保育類昆蟲的訂定只能治標而不能治本，棲息地的保存才是我們應共同努力去經營的目標！「保育」不是空談，必須去落實，在保育觀念不斷提升的今日，民間保育團體也陸陸續續的成立，一同為破碎的大地發出了許多怒吼，實為可喜的現象。這些野生動物何其無辜，竟要為人類的「貪婪」與「自私」去背負滅絕的命運，筆者由衷的希望政府能大刀闊斧地為這些在夾縫中求生存的小生命們留下一片生存的空間，讓他們能生生不息地在大自然中飛舞，盡情的在山林中鳴叫，不致淪為博物館中的標本或教科書中的紀錄照片。台灣的前途要靠台灣人自己來打拼，台灣的野生動物也要靠台灣人自己來保護，如果大家都有這個認知，相信終有一天美麗之島──「福爾摩沙」會再揚名於世界，成為全世界野生動物所嚮往的天堂！這個夢想需要你我一起去努力才會實現，讓我們一起為台灣的野生動物祈福……，願明天會更好！

附錄：台灣保育類昆蟲名錄（二〇一〇重新修訂）

名錄中保育等級符號說明如下：I：表示瀕臨絕種野生動物。II：表示珍貴稀有野生動物。III：表示其他應予保育之野生動物。「N」表示一般類野生動物。

CLASS INSECTA (INSECTS) 昆蟲綱

COLEOPTERA 鞘翅目

Buprestidae 吉丁蟲科 Metallic wood-boring beetle

Buprestis (Akiyamaia) mirabilis 妖艷吉丁蟲 II｜原為 II

Carabidae 步行蟲科 Ground beetles

Carabus blaptoides hanae 台灣食蝸步行蟲 N｜原為 II 自「珍貴稀有野生動物」修正為「一般類野生動物」

Carabus nankotaizanus 台灣擬食蝸步行蟲 N｜原為 II 自「珍貴稀有野生動物」修正為「一般類野生動物」

Cerambycidae 天牛科 Long-horned beetles and sawyer beetles

Aeolesthes oenochrous 霧社血斑天牛 III｜原為 II 自「珍貴稀有野生動物」修正為「其他應予保育之野生動物」

Curculionidae 象鼻蟲科 Snout and Bark Beetles

Kashotonus multipunctatus 碎斑硬象鼻蟲 II｜原為 N 自「一般類野生動物」修正為「珍貴稀有野生動物」

Pachyrrhynchus insularis 白點球背象鼻蟲 II｜原為 N 自「一般類野生動物」修正為「珍貴稀有野生動物」

Pachyrrhynchus kotoensis 大圓斑球背象鼻蟲 II｜原為 N 自「一般類野生動物」修正為「珍貴稀有野生動物」

Pachyrrhynchus sonani 條紋球背象鼻蟲 II｜原為 N 自「一般類野生動物」修正為「珍貴稀有野生動物」

Pachyrrhynchus tobafolius 小圓斑球背象鼻蟲 II｜原為 N 自「一般類野生動物」修正為「珍貴稀有野生動物」

Pachyrrhynchus yamianus 斷紋球背象鼻蟲 II｜原為 N 自「一般類野生動物」修正為「珍貴稀有野生動物」

Elateridae 叩頭蟲科 Click beetles

Campsosternus watanabei 虹彩叩頭蟲 II｜原為 II

Lampyridae **螢科** Fireflies or glow-worm beetles

Luciola hydrophila 黃胸黑翅螢 II｜原為 N 自「一般類野生動物」修正為「珍貴稀有野生動物」

Pristolycus kanoi 鹿野氏黑脈螢 II｜原為 N 自「一般類野生動物」修正為「珍貴稀有野生動物」

Lucanidae **鍬形蟲科** Stag beetles

Dorcus curvidens formosanus 台灣大鍬形蟲 III｜原為 II 自「珍貴稀有野生動物」修正為「其他應予保育之野生動物」

Dorcus schenkingi 長角大鍬形蟲 II｜原為 II

Scarabaeidae **金龜蟲科** Scarab beetles

Cheirotonus formosanus 台灣長臂金龜 III｜原為 II 自「珍貴稀有野生動物」修正為「其他應予保育之野生動物」

HOMOPTERA **同翅目**

Cicadidae **蟬科** Cicadas

Formotosena seebohmi 台灣爺蟬 II｜原為 II

Fulgoridae **蠟蟬科** Fulgorid planthoppers

Pyrops watanabei 渡邊氏東方蠟蟬 N｜原為 II 自「珍貴稀有野生動物」修正為「一般類野生動物」

LEPIDOPTERA **鱗翅目**

Nymphalidae **蛺蝶科** Admirals, anglewings, brush-footed butterflies, checker-spots, crescent-spots, fritillaries, mourningclocks, and purples

Sasakia charonda formosana 大紫蛺蝶 I｜原為 I

Papilionidae **鳳蝶科** Birdwing butterflies, swallowtail butterflies

Agehana maraho 寬尾鳳蝶 I｜原為 I

Atrophaneura horishana 曙鳳蝶 III｜原為 II 自「珍貴稀有野生動物」修正為「其他應予保育之野生動物」

Ornithoptera alexandrae 女王亞歷山大巨鳳蝶 I｜原為 I

Papilio chikae 呂宋鳳蝶 I｜原為 I

Papilio homerus 荷西鳳蝶 I｜原為 I

Papilio hospiton 科西嘉鳳蝶 I｜原為 I

Troides aeacus maeboshi 黃裳鳳蝶 III｜原為 II 自「珍貴稀有野生動物」修正為「其他應予保育之野生動物」

Troides magellanus sonani 珠光鳳蝶 I｜原為 I

ODONATA 蜻蛉目

Cordulegasteridae 勾蜓科 Biddies

Anotogaster sieboldii 無霸勾蜓 II｜原為 II

ORTHOPTERA 直翅目

Tettigoniidae 螽斯科 Katydids and long-horned grasshoppers

Phyllophorina kotoshoensis 蘭嶼大葉螽斯 III｜原為 II 自「珍貴稀有野生動物」修正為「其他應予保育之野生動物」

PHASMIDA 竹節蟲目

Phasmatidae 竹節蟲科 Common walkingsticks and walking sticks

Megacrania tsudai 津田氏大頭竹節蟲 II｜原為 II

腐草化為螢——
螢夢重圓竟成真

大端黑螢群聚發光。

螢火蟲是人類非常古老的朋友，古人藉著螢火蟲的生活史，來觀察四時氣候的變幻。最早的歲時書「夏小正」，傳說成書於夏朝末年，其「八月」一節有「丹鳥羞白鳥」句子，丹鳥就是螢火蟲最古老的名稱，也稱之為丹良。白鳥則是蚊蚋，意思說八月時螢火蟲以蚊蚋為食。古時以五日為一候，三候為一氣，六氣為一時，四時為一歲，來說明一年四季昆蟲的變化，就是「腐草化為螢」，夏末正是螢火蟲羽化的時節；近十數年來，因為環境的污染與劣化，「螢火蟲」這個中國人五千多年來的良友，已不復再見了，台大昆蟲保育研究室自一九九六年開始致力於螢火蟲資源調查及保育的研究，目的是能讓大

左圖：黑翅螢發光；右圖：北竿雌光螢雌蟲舉尾發光。

家重圓螢夢。

流螢點點成回憶

夜幕低垂，微風輕拂，原野上，蟲鳴嘰吱，水田間，蛙聲嘓嘓，潺潺溝渠，禾草披靡；此時，流螢點點，穿梭草間，呈現出一幅安祥浪漫的景致！在一九五〇及一九六〇年代，每到夏天，入夜後，徜徉台灣各地山林、平原，「走」入這種浪漫景致的經驗，的確令人懷念！可是為什麼時至今日，同樣的水田、溝渠，點點流螢，却成回憶？原來，適於螢火蟲生長的環境，已遭到了污染和破壞！

景物依稀螢光杳

所以，儘管景物依稀，但潺潺清澈的流水，如今已呈現黑濁，而且還散發一股微臭，這種水質不但不適合螢火蟲生存，水棲螢火蟲所賴以為生的螺類，當然也不可能存活了！

還有，溝渠、水道雖然依舊，但原本蜿蜒曲折的土質水路，如今都已變成筆直的水泥護坡，即使螢火蟲能生活水中，長成的幼蟲也無法在岸邊化蛹了！

另外，大量投入水田中的農藥，及日夜不斷排進水中的各種廢

水，也是加速螢火蟲急遽消失的主因。

重圓螢夢費事多

　　因此，如想重圓螢夢，除非遠溯溪流源頭，探訪許多不可知的地方，去期待，去盼望！否則只能以人為的方式，再給予這類引人遐思，令人發思古之幽情的昆蟲，一片潔淨的環境，一池乾淨的水源及優質的陸域環境！當然，還得提供牠們所能賴以為生的天然食物！

　　儘管如此，這種人為復育工作，並不是一蹴可幾的！仍有賴昆蟲學家、生態學家的努力。由此可見，破壞任何一種生物的自然環境，

1. 橙螢捕食蚯蚓。　2. 山窗螢捕食扁蝸牛。

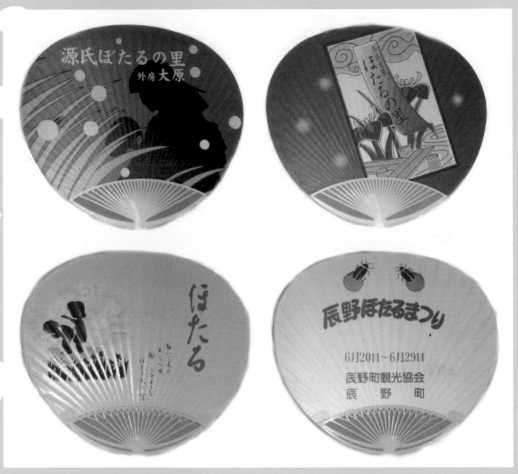

日本螢火蟲文物——扇面的設計精美簡要。

輕而易舉；可是要使環境恢復舊觀，使螢夢重圓，可能得耗費相當多
的人力、物力和時間。

吟蟲說螢添情趣

「螢火蟲，夜夜紅，照爹爹，犁大坵，照哥哥，上杭州。螢火
蟲，夜夜光，照媽媽，好紡紗，照姊姊，去織麻。」這是充滿農村情
趣的湖南童謠；在中國及台灣民間，詠螢的童謠相當多，像這首「螢
火蟲兒飛落來，給三個銅錢買草鞋，不要你的金，不要你的銀，只要
你的屁股亮晶晶。」在浙江民間，可以說人人都能朗朗上口。

在西方，洋人對於這類發光昆蟲也頗偏愛，大文豪莎士比亞膾炙
人口之作——「仲夏夜之夢」，就曾生動描述流螢化為精靈，在仲夏
夜遊戲人間的故事。

宵燭熠熠皆螢火

由於中國地廣物博，螢火蟲幾乎到處可見，因此是大家所熟悉的
昆蟲；可是各地對這類昆蟲，却有許多不同的名稱。

在古書中，螢火蟲又名丹鳥、丹良、景天、輝夜、夜光、夜照、
即炤、宵燭及熠熠；至於名地的俗稱；在台灣、福建，稱螢火蟲為

「火金姑」；浙江人稱牠「火燄蟲」；安徽人稱之為「火螢蟲」；江蘇人稱牠「遊火蟲」；四川人稱牠「亮火蟲」；湖北人稱牠「亮晃蟲」；而湖南人則稱牠為「亮火巴巴」。雖然名稱各異其趣，但仍能令人望名知意。

古今中外玩螢篇

　　由於螢光不灼人，螢火蟲常被人類視為「寵物昆蟲」，所以，古今中外，有關賞玩螢火蟲的記載，也相當多。在清人顧鐵卿的「清嘉錄」中曾載：「以鴨卵空其中，粘五色楮，彩畫成魚，穴孔納螢，謂

1. 春季代表物種 － 黑翅螢。
2. 夏季代表物種 － 梭德氏脈翅螢。
3. 秋季代表物種 － 山窗螢。
4. 冬季代表物種 － 鋸角雪螢。

之『螢火蟲鐙』，供小兒嬉玩。」記載的就是蘇州人玩螢的方法；另外，清代李斗的「揚州畫舫錄」載：「北郊多螢，土人製料絲燈，以線繫之，于線孔中納螢。其式方圓六角八角及畫舫寶塔之屬，謂之『螢火蟲燈』。」而在台灣民間，通常將螢置於透明瓶罐之中賞玩，充滿童稚之趣！

在中國歷史上「玩」螢最為人熟知的，則非隋煬帝莫屬！因為他曾在一夕之間，把蒐自民間的「數斛」螢火蟲，在洛陽的景華宮放走，造成星光輝映的奇景！

而在西方，以瓶置螢把玩，也頗普遍；不過，也有些地方，婦女

常把螢火蟲挾放衣襟裝飾，或當髮飾，甚至製成「活」金環配戴。

囊螢夜讀堪深思

其實，除了供賞玩之外，螢光集聚，可供照明；在中國晉代，車胤的「囊螢夜讀」事蹟，長垂青史！

車胤少時家貧，無錢買油點燈，因此每至夏夜，便到處捕捉螢火蟲，聚螢成光，閉門苦讀，終獲功名，官拜吏部尚書。寒門囊螢夜課，終能出人頭地，令人欽佩，也足令今人深思！

腐草化螢非事實

「季夏之月，腐草化螢。」這是「禮記月令篇」中的記載，此使國人認為螢乃腐草所化；其後，唐代杜甫之「螢火」：「幸因腐草出，敢近太陽飛。」晉代郭璞之「螢火贊」：「出自腐草，烟若散漂。」甚至明代王佐之「格古要論」亦稱「螢是腐草及爛竹根所化」，皆認為腐草、爛竹根俱可化螢。

當然，自「生源論」崛起，由於放大鏡、顯微鏡的發明，人類對周遭生物的觀察，更為透徹，類此「腐草化螢」之「自然發生說」論調，俱被事實推翻。然而，事實為何呢？

皆為肉食小甲蟲

　　原來，螢火蟲是群鞘軟的甲蟲，雌雄蟲交配之後，雌蟲會在草澤、水中或潮濕地面產卵；卵孵化後，狀如毛蟲的幼蟲會以螺類或蚯蚓、蝌蚪等小動物為主食，繼續成長、蛻皮，最後化蛹土中，再蛻變為成蟲。可知，螢火蟲是一種生活史歷經卵、幼蟲、蛹和成蟲等四個時期的完全變態類昆蟲。

　　據載，全世界的螢火蟲約有兩千種，在台灣，則有六十餘種。如依幼蟲棲息環境區分，則可分為水棲及陸棲的種類。

　　水棲的幼蟲，生活於乾淨的河流或塘沼之中，以水中的螺類、甲殼類及蝌蚪為食，然後化蛹岸邊上中；等到蛻變為成蟲之後，才在植物間穿梭活動。至於陸棲的螢火蟲，通常徜徉潮濕地面，卵產於落葉、枯枝下或草間；孵化後之幼蟲則以小型蝸牛、蚯蚓及馬陸等為食，成長發育，最後營穴化蛹土中，再羽化為成蟲。

　　然而，不管是水棲或陸棲的種類，螢火蟲在攝食時，都會先以唾液麻痺獵物，再分泌消化液分解螺類、蝸牛、蚯蚓的肉，食吸這些養分。

1. 黑翅螢幼蟲。　2. 黃緣螢幼蟲捕食錐實螺。　3. 山窗螢幼蟲。　4. 梭德氏脈翅幼蟲。

發光玄機已揭曉

　　會發光的螢火蟲，由卵至成蟲，均會發光；發光器通常位於腹部末端，由真皮發育而成，分內、外兩層。外層透明，由發光細胞集合形成許多小葉，形成發光層；內層乳白，含多量尿酸鹽類，稱為反射層。然而，螢火蟲之所以發光，乃體內所含之發光質（luciferin）經發光之催化，所進行之氧化反應而產生的。當發光質在鎂離子存在時，會和腺嘌呤核三磷酸（ATP）作用，形成腺嘌呤發光質及焦磷酸；再經發光之催化及過氧化物之氧化，形成具有活性的物質。不久，這種物質分解，產生氧化發光質，貯藏在背層細胞內，而亮光便從發光器中呈現出來；可見，螢火蟲的發光現象是體內發光質經過一連串生化反應所產生的。

閃閃爍爍不灼光

　　在螢火蟲發光的過程中，由於有百分之九十～九八的能量是耗在光能，熱能只有百分之二～十，因此螢光是不灼人的！光所閃爍的頻率，因種而異；有持續數秒、數十秒的，甚至幾分鐘之久。由光譜分析得知，螢火蟲的光波波長在500～700nm之間。

　　至於光色，常見的種類通常散發黃色光、藍綠色光；不過，也有

些種類會發黃綠色、橙黃色、或紅色光。

幽幽螢光情意多

就人而言，螢光可供賞玩、照明；對其他動物而言，螢光具有警戒及威嚇的作用；但對螢火蟲來說，發光是同種雌雄個體間傳訊、求愛的訊號。

由於同種螢火蟲，發光的頻率及波長一定，因此彼此間會相互閃爍吸引，進而求偶、交尾；耐人尋味的是，竟然有少數成蟲為肉食性的種類，會模仿他種螢火蟲的閃光，吸引雄蟲前來，再伺機予以捕食，此種「詭計」，實令人嘆為觀止！

曖曖螢火是明燈

「忽向籬邊繞，還從井畔飛；雨昏光不滅，露重影猶微。伴讀來書舍，窺眠入翠幃；黃花秋老後，未識汝何歸？」這是葉太叔的「螢」詩。面對日益惡化的環境，益發令人感慨螢夢難圓！

所以，如果我們不再珍惜水源，繼續污染河流、溝渠、塘沼，不久，蜻蜓、豆娘必將步上螢火蟲的後塵！甚至連棲身河流上游的水蟲——蜉蝣、石蠅及石蠶蛾，也可能因而絕迹！

黑翅螢發光的林道，有如星光大道般的璀璨。

還有，如果我們依然執迷不悟，不愛護周遭的環境，不注意水土保持，持續過度開發、利用土地，那麼將來會失去的，豈止螢火蟲而已？

螢火蟲的生活史

螢火蟲在分類學上屬於鞘翅目螢火蟲科（Lampyridae），此科主要特徵是頭部幾乎全被前胸背板所覆蓋；具有翅鞘側片（epipleura），前胸之前側板（episterna）內側無彎曲現象。足之轉節短。雌雄蟲至少有一性具有發光器，發光器位於腹部末端。

這類甲蟲，生活史經歷卵、幼蟲、蛹及成蟲期，屬於完全變態類昆蟲，卵產於水邊潮濕青苔或潮濕地面介質上，甚至樹枝上；較大型種類卵徑約0.5毫米，呈乳白色，稍呈橢圓形；不久，卵殼變硬而呈淡黃褐色。孵化後，水棲性之種類會爬向水中；陸棲性種類則在潮濕地面上活動。兩者之食物均以螺類或蝸牛類為主。幼蟲通常會脫六次皮才化蛹；此時，水棲性的種類會爬上岸邊，建造數公分深淺的蛹室；陸棲的種類則在棲地附近找鬆軟的岩穴、土縫建造蛹室化蛹。

成蟲通常在夜間羽化；雄蟲在腹末具有兩枚發光器，而雌蟲則只有一枚；不過雌蟲為幼蟲型之種類，則具兩枚發光器；除此，雄蟲後

腳基節有雌蟲所無的腿節板，兩性頗易區分。至於體型，雄小雌大。

螢火蟲的生活習性

幼蟲呈蠕蟲狀，身體側扁；攝食時會分泌唾液把螺類或蝸牛麻痺，再分泌消化液把獵物肉質溶化，吸食肉汁為生。成蟲通常只吃露水，也有些種類吃花粉或捕食其他小蟲，壽命一般為三～七天，亦有長達十～二十天者。多數種類由卵至成蟲，各期均會發光；由於係夜行性昆蟲，因此只在夜間發光；攝食亦以入夜後為主。白天大多靜憩，很少活動，也不發光；但如受騷擾，仍會發光。光是雌雄間求偶的訊號；交尾時，雌雄身體方向相背或雌下雄上，會同時發光；交尾時間長達數小時。交尾完，雄蟲在一、兩天內死亡，而雌蟲則在產完卵後才香消玉殞。

在螢火蟲中也有些種類，幼蟲期會發光，但在成蟲期時發光器退化並不發光，所以此類螢火蟲大多在白天活動。

螢火蟲的飼養

1.家庭式的飼養：

幼蟲如為水棲，則在水族箱內陳放泥土、碎石及上有水草之岩

塊；再把撈自河中之椎實螺類放入，幼蟲便可賴以為生。為使幼蟲獲取足夠氧氣，應配備打氣機。水溫維持在15～25℃間即可，至於水之pH值維持在6.5～8之間。注意在箱之一角有放出水面之土質泥岸，以供成熟幼蟲化蛹。水族箱如能裝有過濾器更理想。

幼蟲如為陸棲，則在水族箱內放置摻有沙之壤土五～七公分厚，上植各種雜草，陳放小木片、落葉及碎瓦片；再放進採自野外之小蝸牛，蝸牛可供以菜葉為食。注意清除爛葉片及被吃過的蝸牛殼。

2.較大規模的飼養：

幼蟲為陸棲的種類方法如前，但應罩以防止幼蟲逃逸的細網；水棲型的種類，則可建造人工河道，使水流能循環流動，最好能有人工瀑布，使自然溶入的氧氣增加。然後在河中飼養鯉魚或錦鯉，以鯉魚排出之糞便繁殖藻類，這些藻類便可提供螺類為食；而螢火蟲的幼蟲便可捕食這些螺類。注意河道邊坡應為土質，以供成熟幼蟲化蛹。

至於蟲源，幼蟲可採自未遭污染的塘沼、河流，或入夜後循著螢光找到活動潮濕地面之幼蟲；如捕獲雌蟲，亦可置入含潮濕濾紙之培養皿內，嘗試採卵；再以所獲之螢火蟲卵供作蟲源。

「熠熠與娟娟，池塘竹樹邊，亂飛同曳火，成聚却無烟。微雨灑

不滅，輕風歡欲燃；舊曾書案上，頻把作囊懸。」這十多年來，賞螢活動已在台灣各地展開，何不在賞螢季節加入賞螢行列，好親自體驗？

1. 黃緣螢初齡幼蟲在人工飼養容器中活動情形。　2. 黃緣螢的水域棲地，水深植物豐盛，岸邊以泥岸為主。

蟬聲深樹起──
聞蟬說蟬迎夏天

春雨剛歇，切切的蟬鳴拉啟了夏之序幕，也為欣欣向榮的大自然增添了幾許生趣！

　　蟬，是著名的鳴蟲；由「詩經」「五月鳴蜩」、「鳴蜩嘒嘒」的詩句中，不難發現古人早就注意到這種善鳴的昆蟲。其實，除了「詩經」外，在許多古籍，像「爾雅」、「禮記」中，也有這種鳴蟲的記載。

　　不過由於中國地大人眾，在古書中對蟬的稱呼，因地方、時空和種類的不同，而有不同的稱謂。除了「蜩」為蟬外，像蜋蜩、蟧蜩、茅蜩、馬蜩、蜺、麥蚻、蟬母、蟪姑、蜓蚞、蜘蟟、蛉蛄、蟓、蜺蟧及蚱蟬，全都指蟬。而在民間，除了蟬形玉琀之外，在許多飾物，像

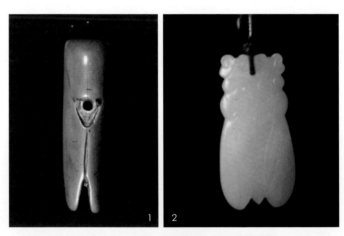

1. 以竹子做的竹蟬。　2. 玉珮以蟬的造型，相當清秀美麗。

1. 台灣熊蟬。　2. 台灣騷蟬。　3. 蟪蛄。　4. 草蟬。

唐代的蟬形金釵及周代的銅器中，如不是以蟬為造形，就是繪有蟬形花紋。

詠蟬食蟬年代久

在實用方面，「禮記」中把蟬列為人君燕食之一；而古代之藥典及李時珍之「本草綱目」，就把蟬蛻、蟬花及蚱蟬列為中藥；尤其是蟬之冬蟲夏草——蟬花，迄今仍被視為補品。

不過，詠蟬，食蟬最具代表性的，則要數曹植曠世之作——「蟬賦」：「在盛陽之仲夏兮，始游豫乎芳林。實澹泊而寡欲兮，始怡樂而長吟……。苦黃雀之作害兮，患螳螂之勁斧。飄高翔而遠托兮，毒蜘蛛之網罟，欲降身而卑竄兮……。懼草蟲之襲予。委厥體于膳夫，歸炎岸而就燔。」不但遍舉蟬之天敵及所面臨之浩劫，也諉諉道出蟬的「吃」法；可見曹植非但「懂」蟬，更是吃蟬專家。

由於聆蟬心情有別，古人也常聞蟬鳴而詩興大發；李商隱曾因仕途失意而吟：「本以高難飽，徒勞恨費聲。五更疏欲斷，一樹碧無情。薄宦便猶泛，故園蕪已平。煩君最相警，我亦舉家清。」

唐朝時駱賓王因案入獄，聞蟬自抒高潔：「西陸蟬聲唱，南冠客思深。不堪玄鬢影，來對白頭吟。露重飛難進，風多響亦深。無人信

1. 蟄伏土中多年，上樹準備羽化的草蟬若蟲。　2. 蟬羽化後的空殼，即為蟬蛻。
3. 4. 蟬的美味料理。

高潔，誰為表予心？」

更有人聞蟬鳴懷念舊友，像王維之詠蟬：「寒山轉蒼翠，秋水日潺湲。倚仗柴門外，臨風聽暮蟬。渡頭餘落日，墟里上孤煙。復值接輿醉，狂歌五柳前。」

其實，蟬鳴只為呼朋引伴，只是求偶的訊號；文人多情，以蟬自抒，浪漫情懷！

入土出土為重生

古人知蟬、吟蟬、食蟬，但對於蟬之由來，乃採「無生源論」者

薄翅蟬的羽化過程。

之論調，稱蟬乃「泥丸」所化；亦信「朽木化蟬」之說。其實，蟬乃雌蟲產於樹幹裂縫之卵，經孵化後，爬下樹，鑽進土中；再經漫長時日之發育，最後才又出土羽化，凌風高歌。

正由於蟬能入土生活，又能出土羽化；自古以來，乃以蟬之羽化，隱喻人之能重生。因此官宦世家，在其親人死了之後，會在死者口中塞入蟬形玉石，此即「蟬形玉琀」，而此舉乃「唅蟬」之由來，冀望親人能早獲重生。如今在中國歷代以來出土之古墳中，常可見各式各樣的蟬形玉琀；即使在現代的玉市中，也常能發現這玉石。

蟬鳴無非引伴來

　　全世界的蟬種，達兩千餘種，其中只有澳洲產兩科原始的昔蟬，雌雄均具發音器，均能鳴叫，其餘種類，只有雄蟲才有發音器。不過，在蟬科中，也有部分種類不具腹下之鳴器，但牠們依然能叫，這種叫聲是拍擊翅膀所發生的。

　　鳴器外為音箱蓋，內有褶膜、鏡膜及鼓膜，當發音肌受神經刺激而拉動時，會引起這些膜之振動，經腹部氣囊形成之共鳴腔的放大，音量變大，而音箱蓋之啟閉，即可調節音量。

敞開胸懷聽蟬聲

　　由於種類不同，蟬聲各殊；所以藉由蟬的聲音，也可區別蟬的種類；以台灣熊蟬為例，「ㄒㄧㄚˋ ㄒㄧㄚˋ」大叫；草蟬則「ㄓㄓ」而鳴；薄翅蟬音調高亢「ㄍㄧ一ㄍㄧ一」齊鳴；台灣騷蟬則「ㄨㄤˋㄨㄤˋ ㄨㄤˋ ㄨㄤˋ ㄒㄧㄚˋ ㄒㄧㄚˋ ㄒㄧㄚˋ」，發出震耳欲聾的共鳴聲，令人消受不了！

　　耐人尋味的是儘管眾蟬經常齊鳴，但不同蟬科，也往往因時間及環境因子的變化，常在不同時段鳴叫，鳴叫行為，至饒興味！

　　還有，在不同季節，所出現的蟬科，可能各異其趣，甚至不同的

黑翅草蟬舉尾鳴唱。

樹種，棲樹高歌的種類也不一樣！

「垂諉飲清露，流響出疏桐。」

「蟬聲深樹起，林外夕陽稀。」

聆蟬、觀蟬之餘，亦不妨駐足賞蟬，既重拾童稚之趣，又開敞浩浩胸懷！

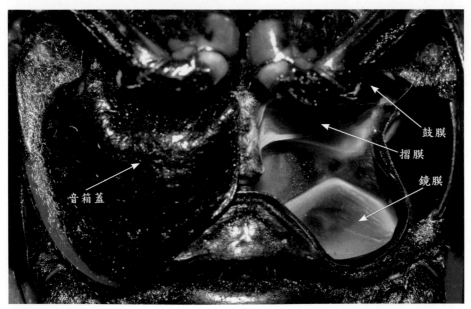

蟬的發音器結構，有音箱蓋、鼓膜與鏡膜。

鼓膜

摺膜

鏡膜

音箱蓋

完全變態的昆蟲——
台灣的甲蟲

楔子──無所不在的動物

　　如果有人問及：目前世界上有多少種已知的動物？基本上來說這是一個得不到精確數字的問題，其誤差範圍通常是以數萬種為單位，造成如此巨大差距的主角，不是哺乳動物，不是鳥類，而是無所不在的昆蟲；在大約一百萬種已知動物的紀錄之中，昆蟲就佔了八十萬種，而這一個數字每年還不斷以成千上萬種的速度在增加著，只是在昆蟲中的二十六個目（Order）裡（註：昆蟲的的分類系統十分複雜，單就高階的目的而言就不十分一致，亦有主張三十二或二十四目不等者，而近年，也有將部分原始的分類羣【Taxa】，獨立出其他昆蟲自

1. 盾背椿象小盾片發達，將翅膀覆蓋，外觀類似甲蟲。　2. 象鼻蟲屬於鞘翅目，其口器前伸發達，宛如大象的鼻子。

成為一個綱【Class】者，但在此不作贅述）。並不是每個都十分常見，例如有幾個目全世界加起已知的種類不過數百種而已，這與其他幾個大目動輒數以萬計者，實無法比擬，而事實上，昆蟲之中又以本文的主題——甲蟲為最，因為它們在八十餘萬種的昆蟲中就占去了半數約有近四十萬之多；或許有人感到好奇的是，究竟在這個世界上有多少種已知與未知的甲蟲與人類一起生活在地球表面呢？此時若引用各家昆蟲學者的估計則在一百～一千二百萬種之間，其中大部分都應分布在熱帶到亞熱帶叢林之中。

雖然如此，甲蟲的分布仍可說無遠弗屆，在地球表面，除了南緯六十度以南的南極大陸、海洋或鹹水湖中目前仍沒有甲蟲的紀錄之外，舉凡深山大澤、沙漠叢林、乃至人類居家活動之場合等，甲蟲可說是隨時以不同的形態無所不在隨地可見。

台灣由於地處古老大陸邊緣，而且正是歐亞大陸板塊與菲律賓板塊交會之處的主要大島，在悠久的地球歷史長河中，現今台灣島的出現雖然只能算作初生之犢，但有幸能與周邊具有豐富且多樣生物型式的地區，在幾次因海水面下降而形成陸橋的狀況下互通有無，彼時的台灣提供了生物所需的生存空間或曰避難所（refugia）；而在冰河期之後的間冰期，這些遠來的客人留下繁衍，乃至發展進化成獨特的生

交尾中的台灣琉璃金花蟲。

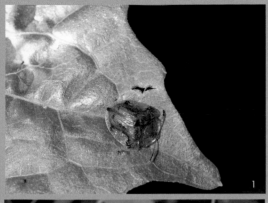

命型式，也就是所謂的特有種。就昆蟲而言，由於島內地形起伏複雜氣候條件充足，使植物種類繁多，提供了他們各式各樣的食物與棲所適應的選擇條件，而據一九九〇年所統計，在台灣已知的近兩萬種的昆蟲之中，甲蟲就獨佔約四千五百種之多，而這個數目約與台灣所產的高等維管束植物數目相當，可是甲蟲卻不斷地有新的紀錄或種類被發現描述，目前則已超過四千六百種；不過這個數字約只等於鄰國日本已紀錄種類的一半而已，可是就兩國間某些被調查的較為詳細的昆蟲類羣，如蝶類或鍬形蟲等的比例來推估，台灣所產的甲蟲種類數至少應等於日本所產者或倍

1. 甘藷龜金花蟲。
2. 豆芫菁。
3. 琉璃突眼虎甲蟲。
4. 斷紋硬象鼻蟲。

1. 二點鋸鍬形蟲──短齒型。　2.大青叩頭蟲。　3. 赤星瓢蟲。　4. 群集於山漆花上的朽木蟲。

於此一數目。換句話說，在台灣山林海濱或水域間，至少尚有成千上萬種的甲蟲有待人們的發掘與描述，所以假以時日之後，與其他生物之間的種類數差距勢將越來越大。

認識甲蟲

面對著現有這四千多種的甲蟲，就如同面對著滿山遍野的綠色植物一樣，要正確地將其歸入適當的類羣，如科（Family）中並非易事，因為目前單是台灣產的甲蟲就已分屬於四個亞目（本文僅提及常見與所佔比例最大的兩個亞目，即肉食與多食亞目）約一○二科中，一般研習昆蟲之人都已不易區分徹底完整，更何況要將之定屬定名；此事對大部分種類都無關經濟衛生等人類較為重視之課題的甲蟲種類來說，更非得要學有專精的某類甲蟲專家才有可能竟全功，真可謂隔「科」如隔山。但是，不論如何要叫得出手上某隻甲蟲的名號之前，可得要先弄清楚究竟他是不是屬於鞘翅目中的一員，因為有的甲蟲長得不像甲蟲，卻又有其他的昆蟲之外部形態神似甲蟲；而就定義來說，分辨出甲蟲與其他昆蟲的特徵在於成蟲時期他們都具有革質化程度很高的體軀（外骨骼），而且有不少種類的體壁會反射不同顏色的光澤；又最為明顯的特徵乃是由其一對前翅硬化成的翅鞘，將大部分

的腹部遮蓋住（但某些隱翅蟲或出尾蟲等例外），在鞘翅之下為膜質的後翅，主飛翔的功能，不用時則摺疊收起；另外甲蟲的口器為標準的咀嚼式，也就是大顎較為發達；中、後胸癒合；腹部末端不具尾毛構造，這點與革翅目的蠼螋可據以作為分別的最大依據。另外甲蟲是屬於完全變態的昆蟲。至於體型大小則不能作為判斷依據，因為以台灣而言，最大型的甲蟲其長度可達十數公分，但小者則僅有一釐米之譜。至於甲蟲的幼蟲時期則更為難以分辨，但基本上來說多數種類幼蟲的活動場所都不是在物體或植物表面，不論在野外植物的各組織或器官中、枯枝敗葉與倒木土壤中、一方塘沼或潺潺流水的底層、動物

1. 交尾中的八星虎甲蟲。　2. 雙紋褐叩頭蟲。

胸條紙翅紅天牛喜訪花。

的排遺或屍骸殘屑中一直到居家環境的衣櫥或米桶中，稍加注意就都能發現一二；這些較易被人忽略的「野生動物」，其實甲蟲真是就在你我的身邊。

　　有關甲蟲外部形態的各種器官構造及術語，目前在書店中已有一些出版品可供按圖索驥，尤其當遇見了一隻面善的甲蟲卻又苦於叫不出名字的時候，若手邊有參考資料，則可依照各式檢索表依特徵對照至科的階層；而就算手邊沒有標本可請教專家，也可依照記憶，將成蟲重要的外部特徵描述出來，例如個體大小及約略的長度、形狀（肥胖橢圓、細長或球卵形等）、色澤（有無金屬光澤）、觸角的型式（絲狀、棒狀、鰓葉狀、鋸齒或櫛齒狀等），乃至於蟲體體壁是柔軟或堅硬，以及是否有某個特別突出特化的構造，如口器中的大顎及頭部向前延伸或寬突形成口吻，觸角長度長於或近於體長，頭胸部有無突起，鞘翅短縮使腹部外露，後足是否特別寬厚及與前足之上有無突出的褥墊或毛列等，如此多少也能將範圍縮小。此時若能再配合上其他的採集或發現資料，例如是在怎樣的一個棲地環境中（土壤落葉堆間、葉表樹叢、植物根系或活、枯死木組織內、樹皮或石下、草原或開闊砂礫地間、石灰岩洞窟中或地表深處、靜水或溪流裡、或活動於水體的週邊、甚至是在其他生物的巢穴內等等）、海拔高度與當地的

振翅飛行的雪螢雄蟲。

植物相組成（原生、次生林或人工林，單一針葉樹或闊葉樹還是混淆林，或是裸露地等等）、在什麼季節與時間（日、夜）、用什麼方法獲得（網捕、陷阱、撿拾或於燈光光源週邊）、在什麼樣的食物（花、果實、動物屍體或排遺）上或其正捕捉其他節肢動物；甚至在採集時，有無發出聲響或分泌奇特的味道與液體等等越詳細越好，一方面可讓專家盡可能地縮小種類範圍並列出可能之清單，另一方面，經由經年累月的經驗，不但訓練自己對週遭事物觀察與分析的敏銳能力，並且也因知識與經驗的累積，也定將能成為出色的業餘行家，使自己在甲蟲的採集與鑑定能力上能達一定水平；事實上，目前在昆蟲學較為發達的國家中，非專業的分類學家（parataxonomist），即本身職業不在相關的研究單位中的人士，往往能對該地的昆蟲標本收集，甚至他們有興趣的其他外國地區，提供專家們更充分的材料來源與基本的生態學資料。除此之外，經由專家們的協助與指導，某些的業餘人士也可自行地經由文獻收集、整理與閱讀分析，就可掌握的材料中，嘗試撰寫專業性的研究報告或短訊發表於各種期刊上，畢竟甲蟲的種類浩如天上繁星，許多全功於萬一，業餘人士這種有如分一杯羹的作法，其實不如看成是分工系統中的一環，如此則可使專家多些時間去了解物種間的親緣關係、發展歷史及與其生態系中的地位與功

能，而這才是分類學研究的目的之所在。

　　以下試列出一個簡單的科級檢索表，將一般常見的幾類甲蟲成蟲羅列納入，有興趣者可依照前述的外部特徵的辨識要點、採集方式與棲息環境的特色，從頭到尾逐一檢視歸納，不過就如前已提過，如果您手上的這一隻甲蟲並沒有包括在內，這也是非常可能的：此時，若有打破砂鍋的決心，可請代為鑑定或參考少數幾本以中文編譯的昆蟲學教科書以為因應。

1. 交尾中的白斑筒金花蟲。　2. 訪花的菊虎。

台灣常見陸生鞘翅目分科檢索表

1.頭部向前延長形成口吻，體壁通常堅硬……，象鼻蟲科頭部不向前延長……………………………………………………………2

2.第一可見腹節之腹板為後足基節窩所分開：觸角為近似念珠狀或絲狀：大多為肉食性………………………………3（肉食亞目）

第一可見腹節腹板不為後足基節窩所分開；觸角形狀變化多；食性亦複雜………………………………………4（多食亞目）

3.觸角著生於大顎基部與複眼間：受刺激時常有刺鼻液體自腹部末端分泌出；行動敏捷但多躲棲於石下、落葉堆或土壤朽木中，少部分為樹棲性；肉食或腐食性；體長2—40mm……………步行蟲科

觸角著生於大顎基部上方之前額上；成蟲多出現開闊之砂石地、草原或道路中，少數活動於低處之葉表；肉食性；體長2—20mm………………………………………………虎甲（斑蝥）科

4.觸角呈鰓葉狀，錘節3—7節…………………………………5

觸角不呈鰓葉狀，錘節3節以上 ……………………………7

5.觸角錘節可靈活密合分散，不呈膝狀；體色明暗金屬光澤變化大；食性複雜體型5—130mm…………金龜子科（含糞金龜、兜蟲、長臂金龜等）

觸角垂節鰓葉部無法密合 ……………………………………………6

6.觸角呈膝狀；雌雄大顎等長，鞘翅具明顯密集縱溝；體表黑色呈強烈金屬光澤；有亞社會組成現象（即幼、成蟲共同生活於一處朽木中，但並無階級與分工的現象）；體長19—40mm……………黑豔蟲科

7.活蟲腹部腹節可自由伸縮；鞘翅退化程度不一無法完全覆蓋腹部……………………………………………………………………8

8.身體為長形；觸角最後數節略粗於前幾節；鞘翅明顯退化縮小；腹部背板顯著硬化並外露；體長2—19mm；食性複雜………隱翅蟲科

觸角最後數節明顯膨大；腹部背板有時外露且較柔軟；體長9—40mm；成、幼蟲多以動物屍體為食……………………………埋葬蟲科

9.鞘翅柔軟，肉食性…………………………………………10

10.身體為長形，觸角呈長絲狀；體表多有明顯光澤，顏色多變化；體長9　20mm…………………………………………………菊虎科

觸角櫛狀；體表沒有光澤……………………………………11

11.觸角櫛明顯；鞘翅間室明顯，呈網狀；體色多為紅、橙；體長3.5—15mm…………………………………………………………紅螢科

多數觸角櫛齒不明顯；鞘翅間室不明顯，部分種類腹節末端具發光器；體多為黑、紅；體長4—18mm……………………螢（火蟲）科

12.腹部腹板前四節多少有癒合現象，前腳基節呈球狀…………13

腹部腹板分節明顯，前腳基節不呈球狀 …………………14

13.腹部腹板前兩節愈合；下唇鬚不外露；體表常具金屬金澤；體長15—40mm ……………………………………吉丁蟲科

腹部腹板分節較為明顯，前胸背板後緣角尖銳，中後胸間有彈跳關節；體長2—40mm ……………………………叩頭蟲科

14.觸角末端數節漸膨大…………………………………15

觸角末端漸細或等粗 …………………………………17

15.體小呈卵圓型；觸角很短不易從上方觀察；體長0.8—11mm；植食或肉食性；多在植物花、葉表面出現……………瓢蟲科

身體長型或長橢圓形，形態多變化，但體色多以黑色為主；棍棒狀觸角明顯可見；體長2—30mm；多隱伏於陰暗處，少白日活動……………………………………………………擬步行蟲科

16.體短，略呈卵圓形，多數具有光澤，體色亦多變化；觸角不超過體長（多短於34體長）；頭寬明顯窄於體寬；體長2—15mm……………………………………………………金花蟲科

體長型；觸角通常幾近於體長或長於體長；複眼腎形；頭方，其寬略窄於體寬；體長5—80mm（不含觸角長）……………天牛科

除上述十七個主要的科之外，還有幾個在居家環境中可能見到的特定對象，例如家中儲藏的許多米糧中，除了在稻米中可以見得到米象（屬象鼻蟲科）外，在其他諸如綠豆、紅豆中還偶可見到的豆象，此雖與象鼻蟲都有一個象字，但分類學家卻將其歸入另一獨立的豆象科中。一般可藉以分辨的特徵可從其頭部及觸角的形狀來簡單加以區分。而有的甲蟲如鰹節蟲科中的幾種幼蟲是以一些動物性的燻醃製品，如火腿、魚乾為食或毛織品為食。除了與人類爭食的甲蟲外，有的種類會破壞家中的許多木製品，這其中最有名的除了前已述及的天牛之外，還有如食骸蟲科的種類，但與天牛不同的是，此科甲蟲為害的範圍除了木頭之外，還廣泛地包括了許多動物性的乾製品、書籍紙張等，在歐美地區稱此類昆蟲為死亡之鐘（death watch beetles），其原因是成蟲在木頭中藉由頭部與身體堅硬處磨擦產生音響以聚集其他雌雄性個體，但卻由於音響密集頻率單調，影響聽者心情，故有如此比喻，由此亦可知此等小甲蟲與人類生活的密切關聯了。

台灣甲蟲研究概況

提到甲蟲的研究，除了與人類利益有直接關係之外的種類，指得

台灣紅星天牛。

大多都是分類學上的研究；在台灣的甲蟲研究歷史，與歐洲國家比起來不算太長，距第一次正式記載的種類到現在不過約一百三十多年；基本上說來，台灣甲蟲的研究歷史到目前為止約可分為幾個階段；首先是藉由一些以各種身分，如傳教士、醫生或外交官等等來台的歐洲人，順道採集動植物標本，當然也有專業的收集者，來往台灣西部各地收羅或採集，這其中當然包括了甲蟲；此部分以德國人Hans Sauter為代表。此君不但長住台灣，身後亦葬於台灣，可惜的是他大多數的採集品散佚於歐洲的博物館中；至於第一種被正式冠上學名的台灣產甲蟲是出現在一八八六年的一本英國動物學刊物上，不過當時台灣甲蟲並不十分受到重視，不論量與質上的研究都算不上仔細，也無系統，只能算作最基本的個別種類描述，往往在一篇報告中同時出現來自於世界各地的不同分類單元（如科、屬等），齊集於同一文章中，似乎當時的分類學家不但專事發表新種或新屬的工作，且一人可兼多個親緣關係相差極遠的分類羣；這種情形直到日本人佔領台灣，並預備將台灣當作其向東南亞侵略的跳板後才算對這塊土地上的甲蟲資源有了奠基性的研究，此時期不但大量且有規模地採集並設立研究單位，定期出版期刊，同時也資助相關學者至歐洲比對標本，或邀請外國學者代為鑑定台灣的種類，這點可以其戰敗後所遺留下來的大量標本和各

式學術研究報告與書籍看出端倪。此一時期也出現了一位傳奇性的人物——鹿野忠雄，雖然他對民族學的貢獻要遠大於在昆蟲相調查的工作，但是由於他戮力於高山博物學的踏查，使當時人們對台灣高山昆蟲的初步了解，文獻中有一定比例上是來自於他的採集品，而在甲蟲部分最具代表性的應是台灣擬食蝸步行蟲，該蟲學名的種小名即為來自於模式產地的南湖大山。

不過此一研究的「黃金」時期到了台灣光復後，由於各項凋蔽的民生建設之需要而稍歇，這一直到約二十年後，由於日本經濟快速地自戰後復甦，許多日本人依據前人遺留下來的資料與距離日本較近的原因，慢慢地在台灣的山野中又可看到許多日本人的身影在進行採集；而國人自行有系統的開始甲蟲的研究，嚴格地說來是在一九七〇年代之後才算開始，但是這中間陸續有斷層的存在，並不十分連貫，但這種情形已由於政府與民間都開始重視本土資源與保育意識的抬頭，使得不論在經費與人力上都有明顯的改善並有實際的進展，這也使得台灣甲蟲的研究歷史進入了另一嶄新的階段。尤其近年一些年輕的昆蟲分類工作者，致力於某幾類甲蟲的研究，也持續地主導發表相關研究報告於國內外的著名期刊上、取得了一定的成果。另外，目前在台灣，雖然已有不少介紹本土昆蟲的書籍文章問世，但由國人獨

力，就本土單一類昆蟲而撰編，包括種類數完整者只有鍬形蟲一科而已；另外也有在日本學者協助下完成的天牛科圖鑑，但內容只涉及常見的數百種，這與發達國家中在一般書店即能找到不少以本國文字或材料，並針對不同需要而出版書籍圖鑑的情形相較可謂天壤之別，但就意義上來說，則是不言可喻。

　　展望台灣在甲蟲學（Coleopterology）上的發展，仍有一大段且遙遠的路途要走，而在課題層次與研究範圍上，筆者粗略以為至少可歸納成以下幾點：一、就現有研究人力資源，重點發展有潛力在區域合作中，佔重要地位的分類羣，如水棲甲蟲，以培養本國籍的專家；二、邀請國外各分類羣專家來台鑑定並整理相關單位的收藏品，除建立一套標本與文獻資料庫外，也為後學者提供良好的學習條件，可節省不少寶貴的時間資源；三、制度化並聯合學界與業餘人士間的力量，分區域詳細持續地調查台灣的甲蟲相；四、應將台灣所產種類的模式標本（Types）視為無價的文化財，而不僅止於學術上的價值，並為國人所共有，而非採集者或命名者的私產，除妥善保存外並予嚴格管理數量及流向，但也同時遵守國際間的慣例，開放供作研究與交流之用；五、將眼光投放於與台灣鄰接的區域內，不必等到台灣的甲蟲相調查得差不多時才可進行，因為就一位真正的分類學家來說，努力

探究物種間的親緣關係絕對比多發表幾個新種更有意義得多，發表新種只是一個手段過程而非目的，更何況此工作並不一定要由專業人士來做。而台灣是一個年輕的島嶼，欲了解本土產甲蟲的來龍去脈與發展，不能視而不見或輕忽與鄰近地區相關種類，在空間分布與特徵演變上的關係，另欲探討這一課題，必須具備一定的進化學與動物地理學知識以及分析方法的概念與技術。以上五點除第一項外，其餘可同時與其他本土生物資源的研究人力與材料相結合，共同分享研究資源與結果；但不論如何，這些都需要政府的科學發展單位與政策制定者的支持，如何只要用相對少數的經費即能在國際間的某些領域上取得一定的地位，應是發揮預算最大經濟效益的共識，而此正是可以積極考慮者之一。

台灣甲蟲相形成的背景

台灣島是一個十分年輕的島嶼，根據地質學家的推算，最新一次台灣島的形成可能不過約是五百萬年前發生的事情，可是在這麼短的時間內要如何去「締造」這麼高的生物密度呢？例如最為人知的就是台灣的蝴蝶在每一萬平方公里中的種類數在世界上是名列前茅，達一一三種之多；台灣蕨類的總數約等於整個歐洲大陸的總和等等，這

獨角仙雄蟲取食光蠟樹的樹液。

些驚人的數字，吾人當然可歸因於台灣地形變化的繁多，加上與地理位置和氣候條件交互影響造就下，形成了許多合適環境可供不同的物種生長在台灣；但問題是，以台灣島的年輕是不可能在短時間內就能平白無故地「冒」出這麼多種類的昆蟲，所以根據昆蟲分類學家和動物地理學家的比較研究，可依照現有昆蟲相組成，而把台灣昆蟲的來源歸納成可能是直接或間接地受到以下幾個古老區域的影響，例如印度、馬來半島、菲律賓、蒙古、大陸東北與北美等處。

　　換句話說，台灣的昆蟲與這些地方的昆蟲有一定親近的程度，只不過可能令人費解的是，許多的甲蟲，其本身的飛翔能力不是沒有就是非常微弱，台灣位居太平洋邊緣，四周環海，芸芸眾生，如何渡海來台？基於這種好奇，再藉助於地質學家的研究發現，在過去數百萬年內，曾有幾次全球性的冰河時期出現，造成海水面的降低，使得原本就不深的大陸棚紛紛露出水面，而使古老大陸與年輕的台灣之間不再有海水的阻隔形成所謂的「陸橋」（最近一次的陸橋約在四萬五千年前形成，消失於一萬年前左右），以讓兩地間的生物「互通有無」，並且使不論是需要比較溫暖的或是比較寒冷的種類都能在此一小島上覓得與「老家」近似的環境，使得我們人類在數萬年後，海峽再度形成，氣候又再度回暖的今天看到這麼多已歸化乃至特化的甲蟲

與吾人共同生活在一個島上。

　　此外，台灣與其他地區一樣，有少數的種類是經由人類的活動，如動、植物商品或材料的輸入而立足台灣，此類的甲蟲多是與人類經濟利益有直接的關聯，且許多是泛世界分布種；再者，大洋海流也會載運某些如漂流木一類的物體，從一個地區到另一新環境中，而生活在這些物體中的甲蟲，只要能熬過汪洋中航行的苛刻條件，且能適應登陸後新環境的考驗，加上有足夠的同種個體能交配繁衍，自然就有立足的可能。

台灣保育類甲蟲

　　根據我國的「文化資產保存法」及「野生動物保育法」，經由主管機關──行政院農委會召集相關研究領域人士，依照物種特殊性、稀有性或搜購壓力等條件，在一九八九年時，選擇了八種甲蟲，列入「珍貴稀有」類的動物立法保護範圍，除一種在台灣的分布紀錄與分類地位有所問題而不予介紹外，其餘七種分別如下所述：

1.長角大鍬形蟲 *Dorcus schenkingi*

　　台灣特有種，是台灣最大型的鍬形蟲，雄性大型個體包括大顎長

度可達九公分之譜。分布於全省中低海拔的原始叢林中，歷來被採得的數量，均低於台灣產之其他多數鍬形蟲種類，而成為收藏家眼中的「珍貴稀有」種。目前亦列為保育類動物。由於他的稀少數量而且體型巨大，因此難逃被盜採的命運。早期國內由於昆蟲知識不是非常普及，收藏家也相當有限，被採得的長角大鍬形蟲主要的買主幾乎全是日本收藏家，價格甚至有以「公分」論之說。小型雄性個體至少在一～二千元左右，難得之大型個體更可賣到上萬元，在日本甚至以「懸命」來形容台灣的職業採捕人對於本種的珍視，可見其在採捕人眼中的地位。不過目前此種與下列之台灣大鍬形蟲在日本已有人工繁殖的個體出售，但其種源的來源則不明。

2.台灣大鍬形蟲 *Dorcus curvidens formosanus*

亦為台灣特有種，但早期曾一度被當作是另一分布於日本的變種。此種雄蟲與前者的辨識特徵主在於大顎與前胸背板的形狀，而其分布範圍亦有重疊之處，但一般來說，本種垂直分布的範圍較前種廣，例如可在墾丁或宜蘭海邊的叢林中發現，而最高的分布紀錄則可到二千二百公尺的山區；但是本種最大型的個體，根據紀錄，則稍遜於前種，約七‧八～八公分，不過卻由於同樣的理由而面臨被爭相盜

台灣長臂金龜的雄蟲。

採的噩運。幼期一至四年不等，成蟲亦有趨光性。

3.台灣長臂金龜 *Cheirotonus formosanus*

　　為台灣產最大型的甲蟲，雄蟲含前腳長度最大者可達十五公分之譜，且鞘翅上具有橙褐色點狀斑紋，極易辨識。以往本種廣泛分布於全省五百～二千公尺左右的暖、溫帶林中，數量頗多，但由於過度伐木與濫捕情形嚴重，加上成蟲的趨光性非常強烈，個體一旦飛離棲息木至燈下週邊區域則幾乎可確定難以返回或再找到另一適當環境以繁衍下一代，故近年來數量明顯減少，可以說是本島幾種因人為因素而數量劇減的代表性大型昆蟲之一。本種幼蟲主要發現生活在大型樟科喬木之樹洞或堆積大量有機土層之組織中，自卵孵化後至成蛹，在琉球的近似種紀錄可達五年，台灣產之種類依本研究室經驗則可至四年以上。

4.台灣擬食蝸步行蟲 *Carabus nankotaizanus*

　　台灣特有種，體長二·八～五·二公分，是台灣最大型的步行蟲。其種小名衍自模式產地宜蘭台中交界的南湖大山，此因最初發現地點約在南湖大山三千公尺左右之山麓，但近來的採集紀錄則顯示其

廣泛地出現在平地（主要為花、東一帶）至台灣高山的環境裡。個體頭部、前胸背板及翅鞘側緣，有桃紅色乃至綠色的金屬光澤，翅鞘上有七條縱向不連續的瘤狀突起，在台灣並無其他類似種類；但在長江流域、中國東南、日本等地有不少相近種類分布。此類昆蟲由於鞘翅癒合且後翅退化而無法飛行，分布上受地形限制很大，因此在研究生物地理上具有極高價值。成蟲常在地面活動，偶可發現於樹間，三～十一月間出現，詳細生活史未知。

5.台灣食蝸步行蟲 *Carabus blaptoides hanae*

本屬根據井村與水澤於一九九六年出版之「世界的步行蟲大圖鑑」敘述，被認為是特產於日本列島（北海島與屋久島間）與千島列島南部地區，而在其他地區並無分布紀錄；因此本種雖被列入保育類名單中，然依據數十年來國內外各界人士採集調查，並無發現有本種確實存在於本島的證據；另外，有關本亞種的記載是否符合國際動物命名規約，對於動物學名有效性的程序規範則仍有待確認，使本亞種的分類地位極有必要加以重新檢討，因此不多做論述。

妖豔吉丁蟲 *Buprestis (Akiyamaia) mirabilis*

台灣特有種，體長約二‧五公分左右。同時也是七種保育類甲蟲

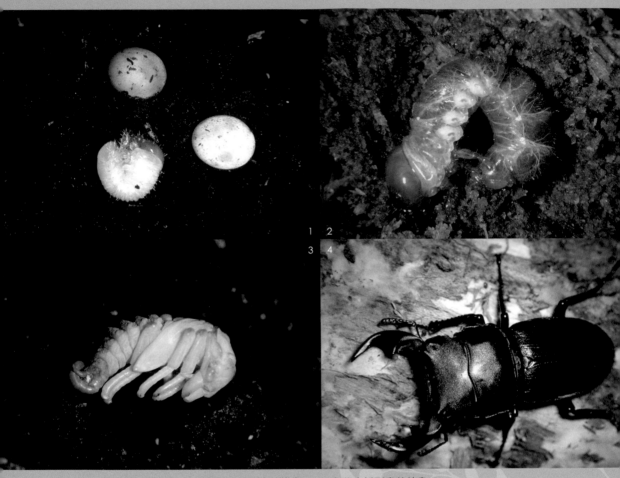

1 2
3 4

1.台灣大鍬形蟲的卵。　2.台灣大鍬形蟲的雄蟲。　3.台灣大鍬形蟲的幼蟲。
4.台灣大鍬形蟲的蛹。

中最晚發現的一種，這可能是因為目前已知的兩個產地分別只限於台中縣的佳陽與花蓮縣的碧綠神木一帶，使其遲至一九六九年才由日本人發表為新種；但由於數量稀少，分布範圍狹小，使得本種少為人見過，因此認為其稀有性的價值高過其面臨的搜購壓力。本種的幼蟲期被推斷可能是生活在針葉樹的木質部，此與多數其他成長於闊葉樹中的吉丁蟲有極大的不同，在生態上具有特別的意義。

虹彩叩頭蟲 *Campsosternus watanabei*

體長三公分左右。與前種面臨的問題正好相反，因為本種一般說來在一千公尺以下的山區均可輕易地見到，即使在台北市區，也偶可發現於鄰近有樹林之處，而由於體型大，體色明亮豔麗，使具有商業的觀賞與收藏價值；不過由於本種在鄰近的亞洲國家都有近似種的存在，因此受到保護的必要性似大為降低。

霧社血斑天牛 *Aeolesthes oenochrous*

大型的天牛，一般不包括觸角之體長最大者可達六‧五公分，而雌性個體的觸角長度往往超過其體長之二分之一；成蟲最大特徵在於其鞘翅背面血紅色天鵝絨狀的剛毛密集著生，而極易與其他的天牛種類加以區別；根據許多的採集紀錄，本種幼蟲是主鑽食加害於山櫻花的樹幹之木質部，雖然此種寄生關係可能會使山櫻花生長受到影響，

但目前並無證據顯示，此為造成整株樹木死亡的唯一直接原因，並因而使植物的族羣式微不振，反倒是由於人們為保持成蟲鞘翅上血紅色天鵝絨毛的完整，有時選擇於成蟲羽化鑽出樹幹之前，直接用工具剖開寄主木的枝幹，以殺雞取卵的方式獲得最新鮮完整的個體。

蝶變——
多采多姿的蝴蝶生活史

在昆蟲分類學上，蝶類和蛾類由於翅具鱗片，而且還擁有很多共同的形態特徵，例如都有下口式的頭部，口器都是吸收式；兩者的前胸都很小，但中、後胸卻相當發達；都有發達的複眼及分為十節的腹部。另外，兩者都是完全變態類昆蟲，幼蟲外型相似，因此合組成鱗翅目（Lepidoptera）昆蟲。

蝶蛾有別

不過，在形態或生活習性方面，蝶類和蛾類也有很多不同的地方，藉此不難區分這兩類昆蟲。以觸角而言，蝶類呈棍棒狀，而蛾類則呈櫛齒狀、羽狀或絲狀；以翅休憩時之姿態來說，蝶類通常豎立背

1.蝴蝶的觸角為棍棒狀，通常休息時翅膀豎起。　2.蝴蝶的觸角為羽狀、絲狀或羽狀，通常休息時翅膀平置。

息於馬兜鈴莖上的黃裳鳳蝶幼蟲。

方，而蛾類大多左右相疊呈屋脊狀。至於成蟲活動時間，蝶類主要在白天活動，而蛾類通常在晚上活動。然而，這種區分方式並非絕對，也有例外的情形出現；像有些鳳蝶在休息時，翅並不是豎立背方，而是平放身體兩側；挵蝶類則微微張翅，和身體成四、五十度角。另外，有少數蝶類是在夜間活動的；而有些蛾類，例如鹿子蛾及斑蛾等，卻是在白天活動的。

層層鱗片砌彩翼

蝶類最引人注目的地方是五顏六色，光彩奪目的翅膀；而造就蝶類散發光彩的，則是翅上的鱗片。鱗片的基本結構均相同，但型式及

1. 蝴蝶物種多樣性高-烏鴉鳳蝶於地表吸水。　2. 蝴蝶物種多樣性高-小紫斑蝶吸食馬利筋的花。
3. 蝴蝶物種多樣性高-孔雀紋蛺蝶吸食長穗木的花。　4.蝴蝶物種多樣性高-正在吸食的花蜜紅紋粉蝶。

其在翅面上的排列方式，却各異其趣！

　　然而，並不是所有的蝴蝶都擁有華麗斑爛的翅色，有些蝶類，例如蛇目蝶類、挵蝶類，翅色呈黑褐或暗褐系統，毫無吸引人之處。

　　一般，雌雄同型的蝶類，雄蝶往往具有發香鱗或性斑，因此兩性間可藉以區分。

　　但是，蝶類之鱗片頗易脫落，如被捕捉掙扎，或翅拍重時，往往會掉下來。在台灣民間，許多人總以為蝶鱗有毒，如沾及皮膚，皮膚會發奇癢、紅腫，甚至會潰爛；其實此說不確，因為鱗片是不帶毒性的。而長久以來之所以會誤認為蝶鱗有毒，可能是沾及某些有毒蛾類的毒刺毛所引起的，但常人蝶蛾不分，故以為奇癢、紅腫現象。

鳳蝶斑蝶各領風騷

　　在鱗片下方，是膜質的翅面；翅面上有縱橫交錯的翅脈；這些翅脈的型式，是蝶類分科的主要依據。每一條翅脈，昆蟲學家都予以英文字母，例如R1，M1，Cu1，或阿拉伯數字，1，2，3稱之。由翅脈在翅上的分布型式及特徵，初學者可據此將所發現的蝶類歸列為鳳蝶科、斑蝶科、蛺蝶科或粉蝶科。其實，除了翅脈之外，能作為分科的特徵，還有腳的型式等形態的特徵。

　　據估計，全世界已知的蝶類約有兩萬種；而在台灣，則有四百種。台灣產的四百種蝶類，分屬於鳳蝶科（Papilionidae）、粉蝶科（Pieridae）、斑蝶科（Danaidae）、蛺蝶科（Nymphalidae）、環紋蝶

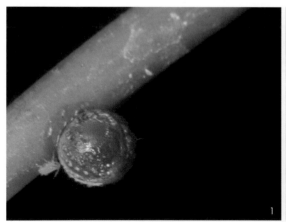

1.鳳蝶科的卵屬圓球型。　2.蛺蝶科的卵有些脊起，頂部凹陷。

正在火炭母草吸食的花蜜紅邊黃小灰蝶。

科（Amathusiidae）、蛇目蝶科（Satyridae）、灰蝶科（Lycaenidae）、
挵蝶科（Hesperiidae）、長鬚蝶科（Libytheidae）、小灰挵蝶科
（Riodinidae）及銀斑小灰挵蝶科（Curetidae）等十一科。不過，尚有
許多蝶類，例如絹蝶科（Parnassiidae）及大挵蝶科（Megathymidae）
等，並沒有分布於台灣。

　　然而，由於分類學家之意見不一，也有些學者把多個科併為一
科；例如把小灰蝶科及小灰挵蝶科視為亞科，而併稱小灰蝶科；把蛇
目蝶科、斑蝶科、挵蝶科及環紋蝶科等，亦視為亞科，併稱挵蝶科。

完全變態類昆蟲

　　不過，不管是那一種蝶類，其生活史均歷經卵、幼蟲、蛹及成

1. 粉蝶科的卵較為細長，表面有些刻痕。　2. 斑蝶科的卵如炮彈狀，表面有些刻痕。

1. 珠光鳳蝶的終齡幼蟲。　2. 石牆蝶的終齡幼蟲。　3. 細蝶的終齡幼蟲。　4. 白鐮紋蛺蝶的終齡幼
蟲。

蟲四個時期；蝴蝶的卵，通常被產在幼蟲的食物——食草的葉上或食草附近。卵大多散生；不過也有聚成卵群或卵塊的現象，此例如台灣麝香鳳蝶（*Byasa impediens febanus*）或細蝶（*Acraea issoria formosana*）。

卵殼的顏色因種而異，而且會隨著胚胎之發育而變色；像大白斑蝶（*Idea leuconoe clara*）之由乳白而黃白，到將孵化時呈黑褐色。至於卵的型式，有球狀、橢圓形或呈杯狀，各異其趣！卵之表面，有光滑無紋的，也有的表面上具有令人嘆為觀止之嵌紋！

幼蟲有毛有刺但無毒

幼蟲的型式變化亦大，剛孵化的個體通常會把卵殼吃掉；不久，

1. 紋白蝶幼蟲取食十字花科植物。　2. 黑挵蝶幼蟲取食野薑花。　3.黑鳳蝶幼蟲取食飛龍掌血。
4. 黃裳鳳蝶幼蟲取食馬兜鈴類。

牠們開始嚼食葉片。由於種類不同，食物亦大異其趣！以常見的紋白蝶（*Pieris rapae crucivora*），是以十字花科植物的葉片為生。大紅紋鳳蝶（*Byasa polyeuctes termessus*）、台灣麝香鳳蝶（*B. impediens febanus*）是以台灣馬兜鈴的葉片為食。但同科的大鳳蝶（*Papilio memnon heronus*）、柑桔鳳蝶（*P. xuthus*），却以柑桔類的葉片為生。令人玩味的是有少種類的蝶類幼蟲，小時候吃植物葉片，但大一點的時候則並不吃植物的葉片，而由螞蟻所保護和供養；此例如姬雙尾燕蝶（*Spindasis kuyanianus*）和懸巢舉尾蟻（*Crematogaster rogenhoferi*）間之有趣的共生關係。

蝶類的幼蟲中，有些種類以有毒植物為生，此例如攝食馬利筋之樺斑蝶（*Danaus chrysippus*）；因此對多數以昆蟲為生之捕食者而言，

3　4

算得上是有毒蝶類。不過，當這些蝶類幼蟲爬過人的皮膚時，並不會像某些有毒蛾類幼蟲那樣，引起皮膚之過敏反應；即使全身棘刺累累的蝶類幼蟲亦然。然而，有許多人不察，總以為這些蝶類幼蟲是有毒的，使得多數可蛻變為豔麗彩蝶之幼蟲，常遭人類無知之殘殺！

為了自衛，蝶類幼蟲演化出多種自衛的方式；許多種類通常都具有保護色，有些則為警戒色；耐人尋味的是，有些鳳蝶幼蟲，胸側具有眼狀斑外，在受騷擾時甚至會從胸背伸出一對橘色或橘紅色的臭角，同時散發一股異味却敵。

蝶類幼蟲在寄生植物上不斷攝食成長，並進行多次脫皮；脫皮次數因種而異，一般是四～五次；至於幼蟲期長短，每每因溫度等環境因子及季節而異。

1. 黃裳鳳蝶的蛹為帶蛹。　2. 小青斑蝶的蛹為垂蛹。

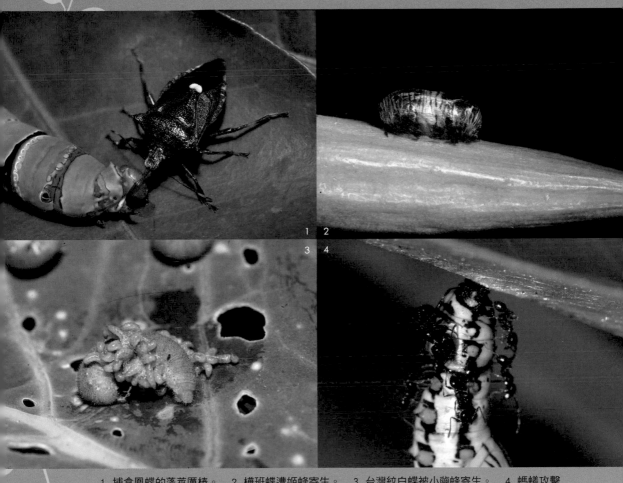

1. 捕食鳳蝶的蓬萊厲椿。　　2. 樺班蝶遭姬蜂寄生。　　3. 台灣紋白蝶被小繭蜂寄生。　　4. 螞蟻攻擊細蝶的蛹。

端紫斑蝶的蛹具有明顯的金屬光澤。

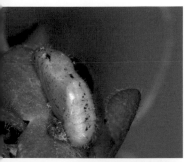

1. 沖繩小灰蝶的蛹。
2. 無尾鳳蝶的蛹。
3. 黑星挵蝶的蛹。

懸垂蛹、帶蛹各異其趣

　　當幼蟲脫完最後一次皮後，便在寄生植物或附近化蛹。蝶蛹的型式分懸垂蛹及帶蛹兩類，前者在腹末以絹絲及臀鈎固定蛹體，以頭下腹上的方式懸垂在寄主植物或他物上方，此例如紋白蝶及多種斑蝶類之蛹；而後者，除以腹末之絹絲、臀鈎固定身體之外，在蛹之胸部尚有一環狀絹絲固定身體，懸掛在物體上，此例如鳳蝶類之蛹。

　　蝶蛹之型式因種類而異，形態變化亦大；值得一提的是多數斑蝶類之蛹具有金屬光澤，有些宛如晶瑩剔透之珠寶，令人嘆為觀止！

　　在外觀上，蝶蛹似乎靜止不動，了無生意，其實在蛹體內，成蟲之組織、器官已逐漸成形；尤其在行將羽化之際，翅、足、頭等，已具雛形；所以，始能定時觀察蛹體在不同時間中之形態變化，也頗令人領略「蝶變」之奧妙！

羽化過程嘆為觀止

在成蟲逐漸成形之後，蝶兒會經蛹體背方掙脫而出！當成蟲出「殼」的剎那，蟲體佝僂著身子向前，向後徐徐躍動，此時往往令人感受出生命之律動！然而，這時候翅依然雛縮；不久，體液注入翅脈之中，蝶翅才慢慢掙開；可是，由於羽化過程中，能量消耗甚多，蝶兒必須經過一段時間的休息，才能展翅活動。一般，當成蟲由蛹殼中掙出，到完全羽化，大多在早上進行；等太陽出來，翅曬乾了之後，牠們便能翱翔空中，徜徉花間林叢，展開最多彩多姿的生命歷程！

不過，在這個時候，有不少蝶類會遭天敵，包括蜘蛛、食蟲性鳥類及蜥蜴等之覬覦而喪命；也可能因狂風暴雨之摧殘而香消玉殞！其實，在由卵到成蟲的過程中，蝶類也面臨許多天敵，包括卵期、幼蟲期及蛹期的寄生性蜂類的寄生，捕食性天敵的捕殺而夭折，甚至細菌、黴菌及病毒等之侵襲而罹病死亡。可見能成功地羽化成蝶，並能交配、產卵繁衍後代的個體，都是經過千錘百鍊的昆蟲勇士！所以當您目睹蝶兒翩翩穿梭花間，或款款起舞求愛的鏡頭時，不妨駐足欣賞，切莫驚擾，好讓這些活躍的生命為美麗的大地增添生趣！

蝶以食為天——
幼蟲的食草和成蟲的食物

1. 紫蛇目蝶剛孵化的幼蟲先將卵殼吃掉。　2. 台灣黃蝶幼蟲群集取食阿勃勒葉片。
3. 端紫斑蝶幼蟲取食榕樹葉片。　　4. 無尾鳳蝶幼蟲取食柑橘葉子。

當蝶類幼蟲由卵殼掙脫後不久，大多數種類似乎急欲掩滅「證據」，不想讓天敵找到蛛絲馬跡似的，立刻把卵殼一片片嚥進口中；其實，不管這種行為是否和自衛有關，這一餐至少能補充將來成長時所需的鈣質和幾丁質。然而，在吃完卵殼之後，這些毫不起眼的小毛蟲會開始尋找所要吃的食物；由於牠們通常被產在幼蟲的食草上或附近，所以不多久牠們便能開始攝食。攝食時，有些種類會由嫩葉邊緣向內吃；有些則會先以咀嚼式口器在食草上咬個小圈圈，把葉片吃成一個個小洞。不過，由於蝶類幼蟲大多具有隱蔽色，所以不太容易被發現；因此如能注意牠們的食痕，也就能容易發現這些幼蟲的芳蹤。

1. 白三線蝶終齡幼蟲頭部的口器。　2. 黃領蛺蝶終齡幼蟲頭部的口器。

幼蟲大多是吃素的

可是如不認得蝶類幼蟲的食草，光是憑食痕，則所找到的毛毛蟲，未必是所想要認識的蝶類幼蟲；所以，在找尋這些幼蟲時，必得學會辨認幼蟲的食草和幼蟲長相，否則較難下手。至於想要瞭解那些蝶類幼蟲吃些什麼？想要知道幼蟲的長相，那麼非得先翻翻介紹蝶類的專書不可！當然，如果能向同好請教，或和蝶類同好一塊兒跑跑野外，受益必將更大。

台灣產蝶類幼蟲的食草種類繁多，所以除非業餘或職業性的賞蝶人，否則如無專書、專家指引，的確匪易！不過在我們周遭常見的植物中，像十字花科蔬菜或野草，往往可找到紋白蝶、台灣紋白蝶之類的幼蟲；柑桔類的葉片上也常能找到柑桔鳳蝶、大鳳蝶等的幼蟲。樟

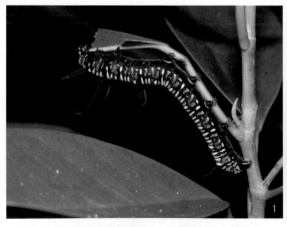

1. 端紫斑蝶幼蟲取食榕樹葉片。　2. 霧社綠小灰蝶幼蟲。

白條斑陰蝶終齡幼蟲外觀似一片枯萎的竹葉。

樹、肉桂樹上可發現青帶鳳蝶幼蟲；鐵刀木上能找到黃蝶類幼蟲；榕樹類葉上則能發現石牆蝶、圓翅紫斑蝶之類的幼蟲；苧麻等蕁麻科植物上能找到細蝶的幼蟲；而可可椰子、黃椰子的葉上則可找到紫蛇目蝶幼蟲。

　　至於常見的野生植物中，馬齒莧上有雌紅紫蛺蝶幼蟲；葎草上有黃蛺蝶幼蟲；月桃上有黑挵蝶或白波紋小灰蝶幼蟲；馬兜鈴葉上有大紅紋鳳蝶、紅紋鳳蝶幼蟲；賊仔樹、食茱萸葉上有烏鴉鳳蝶、黑鳳蝶幼蟲；馬利筋葉上有樺斑蝶幼蟲；菫菜類葉上有端黑豹斑蝶幼蟲，的確不勝枚舉！不過，如有心辨認，亦不妨在找到「可疑」的幼蟲時，連同食草採下飼養，因為這是入門的好方法！一般為了辨認而飼養蝴

1. 東陞蘇鐵小灰蝶幼蟲取食蘇鐵。　2. 遭東陞蘇鐵小灰蝶幼蟲取食後的嫩葉。
3. 沖繩小灰蝶幼蟲。　4. 黃花酢醬草是沖繩小灰蝶幼蟲的主要食草。

蝶，所耗費的食草畢竟有限，應不致於危及這些植物的存亡；但若非為此，則切勿浪費自然資源；所以，徜徉野外，應謹守這種環境倫理，千萬可別肆意破壞自然，或浪費資源！

肉食性的蝶類幼蟲

　　其實蝶類的幼蟲並不是全都嚼食植物的葉片，有些種類，像銀斑小灰蝶幼蟲是以苦蓼的花苞、花蕾為食；綠背小灰蝶幼蟲則攝食台灣黃梔花的花苞和果實；波紋小灰蝶幼蟲則潛入多種豆類的莢內嚼食種子。耐人尋味的是，有些蝶類的幼蟲，竟然是肉食性的！像大藍小灰蝶（*Maculinea* arion）幼蟲，由於能分泌蜜露供收穫蟻（*Feniseca*

targuinius）舔食，收穫蟻會將牠們搬進巢內供養，而牠們便以部分幼蟲為食，同時受蟻類保護，彼此間衍生出互利共生的現象，實在令人嘖嘖稱奇！可見，如欲發現這些蝶類幼蟲，如不先瞭解其食性、習性，真想找到牠們，的確不易呢！尤其是如想養蝶觀察，則對於幼蟲的辨認、食草的辨認及幼蟲食性、習性的瞭解，更應多下工夫。這時候，除靠野外經驗外，專書，研究報告之涉獵，和專家之諮詢，往往能收事半功倍之效！

蝴蝶並非都吸花蜜

　　蝶類的幼蟲口器是咀嚼式的，可是，當牠們化蛹時，已蛻變成曲

1. 吸食花蜜的大琉璃紋鳳蝶。　2. 吸食花蜜的枯葉蝶。
3. 吸食鳳梨腐果的雄紅三線蝶雌蝶。　4. 吸食鳳梨腐果的枯葉蝶與琉璃蛺蝶。

管式，等到牠由蛹羽化時，捲成鐘錶鏈般的口器，也就成了牠們的重要特徵。在成蟲期，這些「大自然的舞姬」也就使用這副具有虹吸作用的長管子來吸食各種液狀的食物。

「翩翩蝶兒花上飛」可算是許多人對蝴蝶最深刻的「印象」！不錯，多數喜歡徜徉陽光下的蝶兒，的確是以花蜜為主食；牠們能從花蜜中獲取所需要的食物供作能源，但並不是所有蝶兒俱以花蜜為食。

像生活在樹林中的許多蛺蝶類，牠們較喜歡群集在樹幹裂縫樹汁流出的地方吸食樹汁；有些蛺蝶則喜歡腐熟或腐爛水果汁液，所以在野果滿地的地方或果園內，常可看到這類蝶兒的芳蹤。更等而下之的是，有些蝶類由於嗜食發酵性物質流出的液體，所以在一些動物糞

尿，甚至死屍上，也常能見及牠們吸食的鏡頭；這對視蝴蝶為貞潔、華貴、高尚等象徵的人來說的確是件匪夷所思的事！

群蝶吸水為那樁！

不過，也有些蝴蝶除了吸花蜜之外，也常吸水或吸樹汁；特別是在溪邊附近，每當蝶類大發生時，經常可見及一群群蝴蝶輕拍彩翼，群集吸水的鏡頭；有趣的是牠們邊吸水，也邊由肛門排出多餘的水分。

昆蟲學家發現，在吸水過程中，這些蝶兒也能從土中吸取鈉離子等無機鹽類。發人深省的是大部分群集河邊沙灘吸水的蝶類大多為雄

1. 於地面吸食排遺的埔里波紋小灰蝶。　2. 於地面吸食狗糞的白黃斑蛺蝶。
3. 於地面吸水的紅邊黃小灰蝶。　4. 於地面吸水的台灣鳳蝶雄蝶。

蝶，這究竟何故？據蝶類學家表示，當雄蝶交尾時，由於無機鹽類耗失頗大，因此牠們即藉吸水時補充這些無機鹽離子。是故，許多職業捕蝶人卻利用蝶類這種有趣的習性，沿溪挖穴布置陷阱，只要在穴中灑些尿液、蝶翅、蝶屍，往往能誘來許多貪吃的傢伙，結果一網下來，數以十計，甚至百計的彩蝶，也就紛紛「落網」了！看來「鳥為食亡」的法則也應驗在蝶類身上。

公園花多蝶少是何故？

蝶類在覓食花蜜時，由於體上茸毛累累，因此在花叢間穿梭時便能扮演花媒的角色，所以牠們也是重要的授粉性昆蟲。

由於這類蝴蝶必得仰賴各花兒為生，所以如能獲知蝶類所喜歡的蜜源植物，那麼在蝶類盛產區或蝶類發生盛期，只要多栽些這類花木，蝶兒自然就會被吸引過來了！筆者曾調查陽明山國家公園區及附近的蝶相，發現該區至少有一百五十一種蝶類，但令人遺憾的發現是，在以花木吸引遊客的陽明山公園，全區每年定期調查中，竟然只發現四十七種蝶類，分析其原因是栽培的花木，大多為非適合蝶類的植物，即使是蜜源植物，如不是種得太少，就是大多為園藝栽培種，花蜜較少；所以如果能在種植這些植物時多注意考慮到蜜源植物，那麼陽明山公園不但是賞花勝地，將來也可能是個理想的賞蝶好地方！

　　台灣產的蝶類達四百種，其中依然相當多種類，幼蟲吃些什麼？或成蟲喜歡吸那些植物的花蜜？目前仍未詳悉；就以台灣所特有的四十種蝶類來說，竟然有許多種類，幼蟲食草迄未確定；類似問題，都是今後愛蝶人所應努力的方向之一。所以，欣賞之餘，也讓我們一起關心蝴蝶喜歡吃的食物吧！

蝴蝶園內的植物——
蜜源、食草和景觀植物

看到蝶蝴，馬上會令人聯想到花；看到花，也會使人想起翩翩的彩蝶，蝴蝶和花兒可以說是串連在一起的。漂亮的蝴蝶，搭配美麗的花兒，彼此相互輝映，構成一幅生動豔麗的畫面。

翻閱古詩詞，我們不難領略這種動人的情境；像北魏溫子昇的「詠花蝶」：「素蝶向林飛，紅花逐風散；花蝶俱不息，紅素還相亂。」呈現花戲蝶，蝶弄花的美麗畫面。而梁簡文帝的「詠蛺蝶」也展現類似的意境：「復此從風蝶，雙雙花上飛。」

所以在經營蝴蝶園時，不管是溫室型的，或是網室型的，首要面臨的問題是：「該種什麼樣的花呢？要怎麼種？要不要考慮季節問題？沒有足夠的花時，又該怎麼辦？」……蝶以食為天，對多數嗜蜜性的蝴蝶來說，花的確重要，而且花、樹種得好的蝴蝶園，等於成功了一半；花中的蜜是蝴蝶

1. 吸食花蜜的姬紅蛺蝶。
2. 吸食花蜜的黑端豹斑蝶。

吸食馬櫻丹花蜜的紅紋粉蝶。

獲取碳水化合物所不可或缺的食物，也是活動能量的來源，所以不僅是兩者外形相襯、相映成趣而已！

蝴蝶只吃花蜜？

其實，如果您對蝴蝶的食性、習性有些涉獵，有過觀察經驗的話，當不難瞭解蝴蝶不只吃花蜜而已！有許多蝴蝶會兼吸腐果、發酵的果汁、樹汁，甚至動物死屍、糞尿的汁液；當然也有主食這些物質的蝶類。除此、蝴蝶還會吸水，但不只吸取所需的水分，還會從中獲取體內所需要的鈉、鉀離子之類的無機鹽類。所以，要經營蝴蝶園，必得預先考慮蝴蝶所需要的食物，並在園內營建這樣的環境，提供類似自然界的各種食物。

花是提供醣類食物，但其他像腐汁、糞尿，甚至潮濕的泥地則能提供蛋白質、礦物質及少量維生素之類的食物。但由於花能增添蝴蝶園的「美色」，也更能襯托出蝴蝶動人的一面，所以蝴蝶園的經營者無不特別重視！甚至有些蝴蝶園還特別標榜花園式的蝴蝶公園呢！其實，花也不僅僅提供花蜜而已；有些會吃花蜜的蝴蝶，牠們的口吻上有特化的毛，能從花中蒐集花粉，再分泌唾液加以溶化吸食；所以除了吸蜜之外，還能吸食經溶化的花粉，並從花粉中獲取體內所需的蛋

白質。

該種什麼花呢？

「在蝴蝶園內該種植什麼樣的花兒呢？」儘管地區不同、緯度不同，各地都具有地方特色的花兒應用在蝴蝶園內。但由於花卉栽培業的興盛，多蜜、花型漂亮的花木，無遠弗屆，也紛紛被各地的蝴蝶園引進利用。根據作者參觀世界各地蝴蝶園的經驗，加上自己多年經營生態園的心得，蝴蝶園內使用許多同樣的花木，我們稱之為蝴蝶的「蜜源植物」。而這些花木，在台灣各地的花市也不難購得，有些現在幾乎已成為各地公園、校園和庭院經常栽種的綠美化植物。

這些在多數蝴蝶園內幾乎都能看得到的蜜源植物，其共同特色是：花期長，有些種類甚至全年都能開花；繁殖力強，只要栽種一段時間便十分繁茂；價格便宜；容易栽種，甚至修剪、扦插便能存活；變種多，花色多，容易配色或搭配景觀。適應室內的環境，對病蟲害的抗性比其他花木強，管理方便。

根據作者多年經驗及參觀各國蝴蝶園之心得，適合在溫、網室型的蝴蝶園內栽種之蝴蝶蜜源植物，包括多數可購自花市，或可從野外採種移植者有：

馬鞭草科（Verbenaceae）：

蕾絲金露花（*Duranta repens*）、馬纓丹（*Lantana camara*）、長穗木（*Stachytarpheta jamaicensis*）及美人櫻（*Verbena phlogiflora*）

蘿摩科（Asclepiadaceae）：

馬利筋（*Asclepias curassavica*）

忍冬科（Caprifoliaceae）：

冇骨消（*Sambucus for mosana*）

茜草科（Rubiaceae）：

繁星花（*Pentas lanceolata*）、仙丹花（*Ixora chinensis*）、矮仙丹（*I. williamsii*）、拎壁龍（*Psychotria serpens*）

錦葵科（Malvaceae）：

朱槿（*Hibiscus rosa-sinensis*）、木槿（*H. syriacus*）

清風藤科（Sabiaceae）：

非洲鳳仙（*Impatiens walleriana*）、鳳仙花（*I. balsamiana*）

紫茉莉科（Nyctaginaceae）：

九重葛類（*Bougaimvillea spp.*）

火筒樹科（Leeaceae）：

火筒樹（*Leea guineensis*）

蓼科（Polygonaceae）：

火炭母草（*Polygonum chinense*）、珊瑚藤（*Antigonon leptopus*）

繖形科（Umbelliferae）：

野當歸（*Angelica dahurica* var. *formosana*）

馬齒莧科（Portulacaceae）：

松葉牡丹（*Portulaca grandiflora*）、馬齒牡丹（*P. oleracea*）

桃金孃科（Myrtaceae）：

紅瓶刷子樹（*Callistemon rigidus*）、垂花紅刷子樹（*C. viminalis*）

夾竹桃科（Apocynaceae）：

黃花夾竹桃（*Thevetia peruviana*）

豆科（Leguminosae）：

阿勃勒（*Cassia fistula*）、刺桐（*Erythrina variegate*）、珊瑚刺桐
（*E. bidwillii*）、斑葉刺桐（*E. variegata. var. orientalis*）

白花菜科（Capparidceae）：

醉蝶花（*Cleome spinosa*）

莧科（Amaranthaceae）：

千日紅（*Gomphrena globosa*）

百合科（Liliaceae）：

風信子（*Hyacinthus orientalis*）、鬱金香（*Tulipa gesneriana*）

菊科（Compositae）：

幾乎所有栽培性及野生的菊科花卉都是蝶類的蜜源植物：栽培性的菊科花卉，例如萬壽菊（*Tagetes erecta*）、波斯菊類（*Cosmos* spp.）、雛菊（*Billis perennis*）、百日草（*Zinnia elegans*）、孔雀草（*Tagetes patula*）、非洲菊（*Gerbera jamesonii*）、蓬蒿菊（*Paris daisy*）等。至於野生菊科花卉，也常見於蝴蝶園中的，例如紫花霍香薊（*Ageratum houstonianum*）、白鳳菜（*Gynura divaricata* (L.) DC. subsp. *formosana*）、蟛蜞菊類（*Wedelia* spp.）、南國小薊（*Cirsium japonicum*）、澤蘭類（*Eupatorium* spp.）、法國菊（*Chrysanthemum*

1. 馬利筋的花為蜜源，而葉片為幼蟲之食草。
2. 火筒樹的花為良好的蜜源。

龍船花是良好的蜜源，可吸引蝴蝶前來吸食花蜜。

leucanthemum）、黃鵪菜（*Youngia japonica* (L.) DC. subsp. *japonica*）、兔仔菜（*Ixeris chinensis*）及小花白鬼針（*Bidens pilosa minor*）等，不勝枚舉。

其實，以台灣為例，野生的蜜源植物像山葡萄（*Ampelopsis brevipedunculata hancei*）、虎葛（*Cayratia japonica*）、海州常山（*Clerodendrum trichotomum*）、倒地蜈蚣（*Torenia concolor*）、灰木（*Symplocos paniculata*）、野桐（*Mallotus japonicus*）、台灣蛇莓（*Duchesnea chrysantha*）、臭黃荊（*Premna formosana*）、三葉蔓荊（*Vitex trifolia*）、海桐（*Pittosporum tobira*）、狹葉雞屎藤（*Paederia scandens*）、杜鵑類（*Rhododendron* spp.）、杜虹花（*Callicarpa*

1. 各種顏色的馬纓丹花是蝴蝶良好的蜜源。　2. 金露花花期頗長，是蝴蝶良好的蜜源。
3. 杜虹花為良好蜜源。　4. 九重葛也是良好的蜜源植物。

fomosana）、血桐（*Macaranga tanarius*）：其至農作物中的豆料、十字花科、瓜類、龍眼、芒果、葡萄、百香果、荔枝、柑桔類等，也可以提供多種蝴蝶的蜜源。

　　不過為了便於取得和便於管理，剛成立的蝴蝶園還是以容易從花市購得的花木為主；但為了突顯地區性的特色，就必得考慮如何把野生的蜜源植物引進園內種植；至於種植方式，如果全年均能開花者，不妨直接種進園內，如果會隨不同月份或季節開花者，則以盆栽移進、移出較為適當。但國家公園或森林遊樂區之蝴蝶園或自然步道，則應以各地野生蜜源植物為宜。

蝴蝶生態社區的營造具社區居民共同意識，大家一起來。

還要種幼蟲的「食草」、「食樹」

　　然而，以蝴蝶來說光是蜜源植物還是不夠的！園內還必須種植幼蟲所需要的寄生植物，簡稱之為「食草」或「食樹」。

　　「蝴蝶種類那麼多，該種植哪些食草呢？」這是經營蝴蝶園的業者必得面臨的問題；所以，在考慮這個問題時必先思考的是：打算養那些種類的蝴蝶？大型的，還是中、小型的？鳳蝶、斑蝶、蛺蝶、粉蝶、小灰蝶、挵蝶……？其實，除非特殊經營方式，否則一般的蝴蝶幾乎以大型、漂亮、常見的種類為主要展示對象；一些特殊食性、習性或一年一代、罕見的，通常是採「特別展示」的方式處理。

　　所以，以鳳蝶科來說，主食柑桔類的，包括吃栽培性或野生

1.巴蕉是香蕉挵蝶的食草。　2.桑寄生科的植物為蝴蝶的重要食草之一。

藝香科植物的鳳蝶有大鳳蝶、柑桔鳳蝶、黑鳳蝶、烏鴉鳳蝶及玉帶鳳蝶等；另外，像黑鳳蝶還可吃雙面刺（*Fagara nitida*）、食茱萸（*Zanthoxylum ailanthoides*），烏鴉鳳蝶還可吃賊仔樹（*Evodia meliaefolia*）；山刈葉（*Evodia merrillii*）可飼養大琉璃紋鳳蝶；紅楠（*Machilus thunbergii*）可提供斑鳳蝶幼蟲攝食；而馬兜鈴類（*Aristolochia* spp.）則是大紅紋鳳蝶、紅紋鳳蝶、麝香鳳蝶、台灣麝香鳳蝶、珠光鳳蝶、黃裳鳳蝶、曙鳳蝶等幼蟲的食草。另外，樟樹（*Cinnamomum camphora*）是青帶鳳蝶、青斑鳳蝶幼蟲的食物；台灣檫樹（*Sassafras randaiense*）則是瀕危種「國蝶」——寬尾鳳蝶唯一的食樹。所以，如果園內要展示這些蝶種，上述植物便非種不可了！不過，要注意的是列名保育類名錄的蝴蝶，例如寬尾鳳蝶、珠光鳳蝶……等，如欲飼養，需事先申請許可才行。

粉蝶類幼蟲吃些什麼？

在粉蝶科中，常見的紋白蝶類，以各種十字花科植物的葉片為食，因此如欲維持全年可見，只要多種白菜、油菜、蘿蔔、甘藍等蔬菜，不難形成偌大一羣粉蝶戲花海的壯觀場面。

但如要飼養台灣粉蝶、端紅蝶，便得栽種魚木（*Crateva adansonii*

formosensis）：如想擁有大羣淡黃蝶，最好的方式是在園內種植成排的鐵刀木（*Senna siamea*）或阿勃勃（*Cassia fistula*）。還有，如果園內栽植合歡（*Albizia julibrissin*），也就能養出一大堆台灣黃蝶了！如果能種好銳葉山柑（*Capparis acutifolia*），也便能引進雌白黃蝶飼養。但如果要養輕海紋白蝶，非得種植珍稀的鐘萼木（*Bretschneidera sinensis*）不可！

有馬利筋不怕沒有樺斑蝶

斑蝶是大型的蝶類，許多幼蟲身上有鮮豔的色彩和駭人卻無毒的肉質刺毛，令人印象深刻！然而，最令人喜愛的莫過於牠們擁有珠寶般外形的蛹；由於這類蝶類的蛹會散發瑰麗的金屬光澤，因此有「金蛹」之稱。

在蝴蝶園內，甚至園外，如果栽種馬利筋（*Asclepias curassavica*），便不用擔心樺斑蝶不來！在台灣，這種斑蝶只吃馬利筋和另一種觀賞植物——唐棉；以作者為例，自二十多年前將馬利筋引進台大養蟲室外的花圃及台大農場種植之後，二十餘年來樺斑蝶幾乎終年可見，所以稱這種斑蝶最迷戀馬利筋，一點也不為過！值得一提的是馬利筋也是許多鳳蝶、斑蝶和挵蝶喜歡的蜜源植物。

馬利筋是蘿藦科植物，對人畜而言具心臟毒，所以多數食蟲性動物不會捕食這類植物的毛毛蟲；而在許多種蔓藤類的蘿藦科植物，像台灣牛獼菜（*Marsdenia formosana*）是青斑蝶和黑脈樺斑蝶的食物。至於蓬萊甌蔓（*Tylophora ovata*），則是琉球青斑蝶、姬小紋青斑蝶的食草。而絨毛芙蓉蘭（*M. tinctoria*）則是小青斑蝶幼蟲的食物。其他常見的大型斑蝶，像有「大笨蝶」之稱的大白斑蝶幼蟲是吃爬森藤（Parsonsia laevigata）；小紋青斑蝶幼蟲則以布朗藤（*Hetero-stemma brownii*）為生。至於淡小紋青斑蝶幼蟲，則取食台灣華他卡藤（*Dregea formosana*）。像這些蔓藤類，可種植在園內的棚架，或攀繞柱子、喬木，也是另一種景觀！

在斑蝶類中，數量多而且能在台灣南部越冬的紫斑蝶類也是蝴蝶園展示的主角，尤其是冬天時，台灣南部的蝴蝶園如果能在園內暫時展示小型的「紫蝶幽谷」景觀，未嘗不是蝴蝶園年度展示的一大特色！圓翅紫斑蝶以牛奶榕（*Ficus erecta*）等榕屬植物為食；端紫斑蝶幼蟲可吃榕樹（*F. microcarpa*）；盤龍木（*Malaisia scandens*）可飼養小紫斑蝶幼蟲。

一般而言，斑蝶類成蟲壽命較長，如果園內能多飼養這類蝴蝶，在經營管理上較為方便；而且其幼蟲外型鮮豔，引人注目；蛹之形、

色宛如珠寶，也算是蝴蝶園的經營者最愛！尤其是飛起來速度緩慢，大如手掌的大白斑蝶，如今仍傲視群蝶，成為許多國家蝴蝶園內的「動物明星」！

蛺蝶類幼蟲吃些什麼？

除了鳳蝶和斑蝶、蛺蝶也是蝴蝶園內耀眼的一羣。其實在中國古文學中，「蛺蝶」和「粉蝶」經常出現在詩詞之中；像梁簡文帝的「詠蛺蝶」，蔡羽的「蛺蝶頌」。

而在台灣產的蛺蝶中較著名的，例如有日本「國蝶」之稱，也是台灣瀕危種動物的大紫蛺蝶；在蝶國中以擬態聞名的枯葉蝶；翅似地圖的石牆蝶；有孔雀紋斑，曾出現在台灣蝶類郵票的黑擬蛺蝶和身價一對曾達數萬台幣的仁愛綠蛺蝶。除了大紫蛺蝶，這些蛺蝶不難飼養在蝴蝶園內。

不過，在蝴蝶園內，還是以比較易取得，也較容易飼養的種類為主；而其幼蟲寄主植物亦然。所以，如果能在園內種好苧麻（*Boehmeria nivea*）及蕁麻（*Urtica thunbergiana*），便可引進細蝶、紅蛺蝶飼養。如果園內能種一大片爵床（*Justicia procumbens*），也就有機會欣賞到漂亮的青擬蛺蝶和黑擬蛺蝶。種植菝葜（*Smilax china*）可

養琉璃蛺蝶；種一片台灣馬藍（*Aster taiwanensis*）也便能飼養名聞遐邇的枯葉蝶了！栽植台灣鱗球花（*Lepidagathis formosensis*），可飼養眼紋擬蛺蝶；種植有「豬母乳」之稱的馬齒莧（*Portulaca oleracea*），可飼養會擬態樺斑蝶的雌紅紫蛺蝶。想要欣賞草原性的蝶類，可種植董菜類（*Viola* spp.），讓喜歡在開闊地方活動的黑端豹斑蝶便能徜徉園中。

在台灣，野生而且也可當作景觀植物的篦麻（Ricinus communis）幾乎終年常綠，在蝴蝶園內如能種一小片或一小排，不但能使蝶園生色，也可繁衍樺蛺蝶和大型的篦麻蠶。另外，可美化圍籬、圍牆或供作棚架攀緣的綠化植物──葎草（*Humulus scandens*），則可用來飼養

1. 馬藍屬爵床科植物是枯葉蝶幼蟲的重要食草。　2. 魚木屬山柑科植物是端紅粉蝶幼蟲的重要食草。
3. 過山香屬芸香科植物是玉帶鳳蝶幼蟲的重要食草。　4. 飛龍掌血屬芸香科植物是琉璃紋鳳蝶幼蟲的重要食草。

黃蛺蝶。而同樣可以作為這類綠美化植物的葛藤（*Pueraria lobata*），則可用來飼養台灣三線蝶和琉球三線蝶。吃朴樹的蛺蝶除了大紫蛺蝶之外，還有紅星斑蛺蝶和豹紋蝶；所以，如果園內能種數株朴樹，可造景，又能養蝶。至於石牆蝶幼蟲，則可和多種紫斑蝶類幼蟲共享榕屬植物的葉片。其實，甘藷葉也可飼養琉球紫蛺蝶幼蟲。

蝴蝶園如果有瀑布、溪流的設置，在水邊的地方不妨栽種水麻（*Debregeasia orientalis*）襯景，也可飼養黃三線蝶和有趣的泡沫蟲。

種些蛇目蝶幼蟲的食草

在蝴蝶園內如果樹已成林而且形成林中小徑，在光線較暗的地

方，蝴蝶較少出現；這時候，如果能養些會在這些地方活動的蛇目蝶類，步道會顯得生氣煥發！多數的蛇目蝶類，雖外型不太起眼，但幼蟲和蛹卻頗奇特，像紫蛇目蝶幼蟲頭上有角，身上有斑，在棕櫚科葉上漫步時，有如一列緩緩前進的迷你火車一般！

　　一般，蛇目蝶類幼蟲大多以禾本科、棕櫚科和竹科等植物的葉片為食；像樹蔭蝶是吃水稻葉片；小蛇目蝶、波紋白條蔭蝶幼蟲，則吃芒草（*Miscanthus sinensis*）。白條蔭蝶幼蟲則吃蓬萊竹（*Bambusa multiplex*）；白條斑蔭蝶幼蟲是吃綠竹（*Zizania latifolia*）。紫蛇目蝶幼蟲則吃觀音竹（*Rhapis excelsa*）和可可椰子（*Cocos nucifera*）。其他像小波紋蛇目蝶、台灣波紋蛇目蝶、大波紋蛇目蝶等，能吃多種禾本科的「雜草」。所以，如果園內的水邊附近能多種禾本科植物，其他像圍牆附近能種成排的竹子和棕櫚科植物，便不難建立蛇目蝶類的族羣。

挵蝶幼蟲的食物

　　挵蝶由於翅小身大，乍看之下宛如蛾類，也是蝴蝶中較不起眼的一群；但為了展示多樣性的蝶類，蝴蝶園內還是不能缺少這種中、小

型的蝴蝶。

其實，有些挵蝶的幼蟲食草和前述蛇目蝶類部分種類是一樣的；像水稻除了可飼養樹蔭蝶外，也可飼養姬單帶挵蝶和單帶挵蝶；另外，紫蛇目蝶吃的觀音竹，也可飼養黑星挵蝶；而芒草也是狹翅挵蝶和狹翅黃星挵蝶幼蟲的食草。

不過，如果要飼養大綠挵蝶幼蟲的話，園內就得栽種山豬肉（*Meliosma rhoifolia*）或筆羅子（*M. rigida*）。如果要飼養黑挵蝶和大白紋挵蝶幼蟲的話，那麼便要種植月桃（*Alpinia zerumbet*）。

在蝴蝶園內，颱風草（*Setaria palmifolia*）的種子或小苗經常會隨土入園；這時候，您不妨引進竹紅挵蝶幼蟲飼養；還有，白條斑蔭蝶幼蟲吃的綠竹也可飼養埔里紅挵蝶。由於挵蝶的體型小，展示效果不像上述蝶種好，所以選養的種類，可以不用太多；但是，這類蝴蝶倒頗適合作特別展示，可另闢特別展示區適時展示。

常見小灰蝶幼蟲的食草

和挵蝶一樣，小灰蝶類也是小型的蝴蝶，可在小空間的特別展示室作定期或不定期的展示。不過，為了增加蝴蝶園蝶種的多樣性，還是選取幾種常見或容易獲得的種類放養園中。

在蝴蝶園內，黃花酢漿草（*Oxalis corniculata*）常會隨土入園，所以在園內不妨放養沖繩小灰蝶。豆科植物可種在棚架或攀附在園內的樑柱，當開花、結果時可引進波紋小灰蝶和琉璃波紋小灰蝶飼養。同樣也是屬於攀緣植物的火炭母草（*Polygonum chinense*），花是多種小型蝶類的蜜源，葉子則是紅邊黃小灰蝶幼蟲的食物。

蝴蝶園內如能栽種香花植物，則開花時香氣四溢，令人留連！所以，如果能栽種黃梔花（*Gardenia jasminoides*），除能聞香之外，也可飼養綠底小灰蝶。在河邊，野薑花（*Hedychium coronarium*）香味撲鼻，但開花結苞時常會引來白波紋小灰蝶雌蟲產卵；因此，如能在蝴蝶園內的小溪畔種數叢野薑花，便能欣賞到這種小蝴蝶。

入秋時水黃皮（*Pongamia pinnata*）開紫色串串的小花，十分柔美！在園內如栽種這種植物，既能賞花，也能飼養琉璃波紋小灰蝶。如果蝴蝶園內栽種的龍眼（*Dimocarpus longan*）和荔枝（*Litchi chinensis*）能結果的話，便能引進恆春小灰蝶飼養；因為這種小灰蝶的幼蟲能蛀入果實中攝食果肉。

在蝴蝶園內，鐵樹類（*Cycas* spp.）常被用來當庭園觀賞植物，其實鐵樹是蘇鐵小灰蝶的食草；每當鐵樹抽嫩芽時，便會引來蘇鐵小灰蝶的雌蝶產卵，吃得嫩芽幾不成形，這時候，以塑膠袋罩住嫩葉或適

度的採卵，或採集幼蟲必須進行。

　　有些小灰蝶的幼蟲，除了會攝食植物之外，在幼蟲長大至二、三齡時，會爬進蟻巢中，或由蟻羣「抬」進巢內共生，此例如台灣琉璃小灰蝶和台灣雙尾燕蝶。不過，這種行為特殊的小灰蝶還是比較適合在特別展室中展示，在網室蝴蝶園內比較不適合。

蜜水也能「騙」蝴蝶

　　蝴蝶的成蟲需要花，會吸食花蜜，有些種類甚至還會吸食經溶化的花粉；但有些蝴蝶則不吃花蜜、花粉、而只吸食腐熟具發酵味道的果汁、腐液。後者只要提供腐果、腐肉或動物糞尿便能解決；前者如果花蜜不足，或花期調控不慎，沒有足夠的花蜜供應時該怎麼辦呢？

　　其實方法不難！只要調好5～20％的蜂蜜，置入放有海綿的小盤中，盤上放些蝴蝶或各式各樣形形色色的剪紙，甚至塑膠花，一樣會把蝴蝶「騙」來吸蜜。作者甚至曾把稀釋的蜂蜜水放進蜂鳥用的吸蜜盒中，「騙」來不少蝴蝶吸食，極具趣味性！有時候在園內稀釋蜂蜜時，聞香而來的斑蝶竟然爬滿了沾蜜的雙手，令人嘆為觀止！而在參觀吉隆坡蝴蝶園時，該園是以切下的不同花色的扶桑花誘蝶；但切花不會繼續分泌花蜜，所以還是得靠稀釋的蜂蜜水補充。

一般，切花只能維持一、兩天，所以除非花源足夠，否則還是以海綿取代。但海綿吸蜜水經四、五天難免發黴、發酵，所以一聞有異味或長黴時，便得取出搓洗更換；尤其是夏天，最好兩、三天便得更換一次。

有些蝴蝶園，為了使蝴蝶能活得更長，產卵更多，甚至在蜂蜜水加入水溶性氨基酸；在歐洲和北美的許多自然公司（Nature Company），已推出好幾種具有高營養價值的蝴蝶「蜂蜜特餐」呢！

就以美國ACB自然產物公司（ACB Nature Products Incoprated）所生產的「蝶蜜」（Flutterby）為例，成分中含有葡萄糖、果糖、鹽、氨基酸及其他無鹽類，能提供多數嗜蜜性的蝴蝶食用。

蝴蝶幼蟲的人工食物

成蟲有人工配製的食物，幼蟲是不是也有類似的人工食物？有飼養昆蟲經驗的人都知道，在昆蟲中像甲蟲、蛾類及多種天敵昆蟲，都有人工食物；尤其是蛾類，人工食物的開發不但已有許多成功的實例，而且也頗為普遍。不過，專為蝴蝶幼蟲所開發的人工食物，除了大紋白蝶（*Pieris brassicae*）和少數鳳蝶者外，最成功的，要數大樺斑蝶（*Danaus plexipppus*）的人工食物了。

有關大樺斑蝶幼蟲人工食物的配方，如下表所示：

表1 大樺斑蝶幼蟲人工食物的配方和配製方法

配方：

A. Gelcarin   13g

B. Wheat germ   30g

   Sucrose   30g

   Alphacel   5g

   Casein   30g

   Yeast   20g

   Wesson's salt mixture   5g

   Cholesterol   1.5g

   β-Sitosterol   1.5g

   Choline chloride   1.2g

Vitamin mixture:

   Biotin   3mg

   Ca-Pantothenate   150mg

   Choline chloride   7.5mg

   Folic acid   37.5mg

Inositol	3mg
Niacinamide	150mg
Pyridoxine	37.5mg
Riboflavin	75mg
Thiamine	37.5mg

配製方法：

Add water to 150ml；agitate constantly where dispensing，freeze or regrigerate in small brown bottle.

C. Chlortetracycline	1g
2%Fomalin	12ml
Raw linseedoil	10ml
Vatamin mixture	15ml
10% KOH	

配製方法：

1.Heat 930ml of water of 70°C；pour into blender. Add all other ingredients. Blend at high speed for 2min.

2.Pour into suitable containers and seal airtight; refrigerate. Cut into pieces and allow to come to room temperature before feeding.

3.agar may be used insteaa of gelcarin. With the following procedural changes:

a.Melt 20 of agar in 930ml of boiling water.

b.Blend ingredient listed under B into melted agar at high speed for 2 min.

c.Cool mixture in cool water bath to 70°C .

d.Add ingrients listed nuder C and blend at high speed for 1min.

e.Pour into suitable containers while hot; allow to cool; cover and refrigerate.

在這個配方中，除了上列化學物質之外，「Milkweed leaf powder」乃此蟲天然食物──乳草屬植物之葉片粉末；換言之，此一配方中仍得加入部分此蝶幼蟲之天然食物。數年前作者曾將此配方之乳草屬植物葉片粉末，改換成馬利筋葉片粉末，也成功飼養出樺斑蝶（*Danaus chrysippus*）成蟲，惟幼蟲死亡率較高，未來可就此配方再加以改良。所以，有關蝴蝶幼蟲人工飼料的開發，不論是就學術研究的

創新，或實際的應用價值來說，都值得更進一步深入鑽研。

在歐美各國，住家房舍寬敞，院子也大，有些自然公司（Nature Company）為了推廣「招蜂引蝶」活動，吸引野外的蝴蝶到庭院中供人欣賞，美化人心，也美化家園，讓住家更接近自然，蒐集了許許多多野生或栽培的植物種子，包括蝴蝶的蜜源植物和食樹、食草，混拌在袋子中、紙筒內賣給住家、學校，顧客只要把這些種子灑在院子內、外公園中，不久這些植物花卉便會吸引許許多多蝴蝶前來，令人賞心悅目！一九九五、一九九六年筆者擔任昆蟲學會理事長時曾推動救國團、台灣省立博物館和中華昆蟲學會合作，發起「再造台灣蝴蝶王國」全民保育運動，其中有一項「蝴蝶到我家」的活動，就是以推廣栽種蜜源植物和蝴蝶的食草、食樹，招引蝴蝶，提供蝴蝶食物的保育運動；希望有一天我們的花商及蝴蝶保育團體也能動動腦筋，開發類似產品，使處處花香蝶影，重現台灣蝴蝶王國！如今，休閒產業興起，台灣各地已陸續出現二、三十個蝴蝶園，我們也有兩個蝴蝶保育學會，大家在各地進行休閒及環境教育的義務，這都是可喜的現象。

「粉蝶翩翩若有限，南園長是到春歸。」瞭解了蝴蝶的食物、食性之後，養蝶、觀蝶、賞蝶也就更具意義了！這時候您毋須學莊周「夢」蝶，只要種對了花給對了食物，蝴蝶便會徜徉在您身邊！

附錄：台灣研究昆蟲之機構、學校和蝴蝶保育團體

台灣大學昆蟲學系（台北市）

中興大學昆蟲學系（台中市）

屏東技術學院植物醫學系（屏東內埔）

嘉義大學生物資源學系（嘉義市）

中研院生物多樣性中心（台北市）

農委會農業試驗所應用動物系（台中霧峰）

農委會林業試驗所森林保護系（台北市）

農委會農業藥物毒物試驗所（台中霧峰）

農委會苗栗改良場（苗栗公館）

農委會農業試驗所嘉義分所植物保護系（嘉義市）

農委會農業試驗所鳳山熱帶園藝試驗分所（高雄鳳山）

農委會農林廳農業改良場（花蓮區、台東區、台南區、高雄區、台中區、桃園區）

特有生物研究保育中心（南投集集）

木生昆蟲博物館（南投埔里）

台灣博物館動物學組（台北市）

國立自然科學博物館（台中市）

行政院衛生署預防醫學研究所（台北市）

師範大學生命科學系（台北市）

輔仁大學生命科學系（台北新莊）

東海大學生命科學系（台中市）

陽明醫學院寄生蟲學科（台北市）

亞洲蔬菜研究發展中心（台南善化）

金門農業試驗所（金門）

台北市立動物園昆蟲館（台北市）

台灣香蕉研究所（屏東九如）

農委會茶業改良場（桃園楊梅）

農委會茶葉改良場文山分場（台北石碇）

農委會茶葉改良場魚池分場（南投魚池）

台灣蝴蝶保育學會

台灣紫斑蝶生態保育協會

中華民國螢火蟲保育協會

從蝴蝶館到「蝴蝶牧場」——
蝴蝶的「方舟」計畫

高士佛澤蘭是斑蝶類重要的蜜源植物。

「蝴蝶王國」的台灣終於在一九八六年的台北木柵動物園擁有一個蝴蝶館，但未來不僅需要一個「館」而已，更需要一個蝴蝶牧場。

　　在國人熱烈的期待和祝福下，台北市立動物園終於在一九八六年的十月三十一日順利遷建木柵，並局部開放供學校作校外教學的場所；而於一九八七年的元旦全面開放給一般遊客觀賞。

　　儘管這一期的開園面積只約佔全園總面積一百八十二公頓之四分之一左右，然而由於此已遠比圓山舊園之六公頃為大，且開放式的展示方式，迥異於以往柵欄式之展示方式，遊客入園之後，往往有一種舒暢，開闊的感覺。更值得一提的是新園內有全世界最大的蝴蝶館，及風光旖旎的蝴蝶公園。

亟待重整雄風的蝴蝶王國

　　談起蝴蝶，大家應不陌生，因為寶島向有「蝴蝶王國」的雅譽；但這並不意味著台灣產的蝶種為世界第一，而是單位面積蝶種數、每年之發生數量、大型漂亮之種類及特有種之多等，向為國際人士所矚目之故；當然，蝶類加工出口多也是因素之一；可是亦由於過去出口蝶類加工品多，捕蝶數量大，也頗受國際人士之非議和側目。

　　有感於此，加之目前蝶類之棲息地已迭遭破壞，為喚起國人對這

項得天獨厚之「漂亮」資源的重視，亦盼望國人能充分使用蝶類等昆蟲作為科學教育之素材，動物園最具特色的展示館——蝴蝶館於焉誕生。

需要更多正面鼓勵的蝴蝶館

蝴蝶館屋頂為一略呈V字形之巍峨建築。悉採溫室結構，佔地達一千坪；而在入口處則設有一、二樓之解說大廳，以活體、展示箱及多種視聽媒體介紹蝶類之分類地位，台灣之蝶相及相關之生態資料，蝶類之天敵，分布，特產種，蝴蝶谷及研究蝶類之裝備等。由於設計精美細緻，頗吸引遊客之注意；今後除展示外，許多有關之蝶研究及科學教育活動將陸續推出；相信此館將可拉近學術及業餘研究人員間之距離，為台灣蝶類研究樹立楷模。

至於穿越蝴蝶館蜿蜒而上之蝴蝶谷，佔地達十公頃，其間遍植各種蝴蝶幼蟲之寄主植物及成蟲之蜜源植物，有小橋、有流水、風景極為優美；如俟蝶類大發生時期，遊客將可沿小徑而上，既賞蝶又看花，其樂無窮。

然而，剛開園由於適值蝶類發生之淡季，植栽亦未完全長好，逛過館、谷的遊客難免會有些許失望；但只要植栽長得欣欣向榮，周邊

1. 台北市立動物園昆蟲館是戶外環境敬育的良好場所。　2. 昆蟲館內的蝴蝶園為溫室型的代表之一。　3. 昆蟲館內的蝴蝶園的有蝴蝶蜜源及食草的展示。　4. 昆蟲館內的展示介紹蝴蝶的分布與外部形態特徵。

1. 台北市立動物園昆蟲館內的昆蟲活體展示。　2. 昆蟲館內的蝴蝶解說看板，介紹館內常見的蝴蝶種類。　3. 昆蟲館內的步道動線。　4. 昆蟲館內的蝴蝶蜜源與食草。

設備再作改善，此館、谷之發展潛力甚大。

前陣子某些報章雜誌曾批評蝴蝶館之設計頗有問題，然而與其多方挑剔、責難，有心使館、谷發展得更好的人士，何不敞開胸懷，協助動物園在軟體方面多作改善？何況動物園方面及所有參與工作的年輕人員已非常努力的作「亡羊補牢」的工作了！

在國際上，以活體展示式的蝴蝶館已有頗多失敗的實例；在園內，此館、谷亦屬首創，此等於一棵正欲出土茁壯的幼苗，如欲使此幼苗能成為大樹，豈又可不予施肥、灌溉。而反而想盡辦法踐踏？

也許有心人士之挑剔、批評是「愛之深，責之切」，但是參與工作的年輕人共同的呼聲是：「更多的關懷、更多正面的鼓勵！」所以，蝴蝶館、谷的成敗，除現在所作硬體的改善——例如擷抗溫室效應的改善，瀑布、流水之設置及噴水設施等；軟體的展示方式——沿步道之展示箱的設置，植栽之加植，解說系統之建立等，均有待進行。不過，由於原設計蝴蝶館高度過高，溫室效應大，這個蝴蝶館在使用多年之後，為擴大功能，台北市立動物園將原蝴蝶館拆除，並在原地擴建為昆蟲館；如今在園方及管理人員努力之下，新建的昆蟲館已獲選為全世界二十大獨具特色之動物園。

蝴蝶牧場勢在必行

　　由於蝴蝶館、谷之展示係以活體為主；加之館內容積頗大，今後蝴蝶來源勢必需求更多。如全數採自野外，非但有違生態保育之原則，亦可能對某些蝶類族群造成傷害；所以動物園早在規劃時，除在館內設有蝶類養殖室之外，在蝴蝶谷最上方亦闢有大型養殖蝶類幼蟲之網室。另外，亦計畫在園區各空地開闢蝴蝶牧場多處。

　　除此，蝴蝶館在中、南部亦派有駐外人員，除採集種源之外，亦闢有多處蝴蝶牧場，以供展示之需求。由於展示得進行許多基本研究，目前該館多位人員亦作此方面之研究。然而什麼叫做「蝴蝶牧場」呢？

何謂蝴蝶牧場

　　所謂「蝴蝶牧場」係在野外開闢一片林地或農田，栽植所欲飼養蝶種幼蟲寄主植物及成蟲蜜源植物，以吸引自然界之蝴蝶前來產卵；或以人為方式接種蝶類之幼蟲，使之在此植物上代代繁衍。

　　這種經營方式，可在蝶類化蛹時採收蛹體展示，或銷售；抑或俟其羽化為成蟲後製成標本販售；或藉此增殖其個體，擴大蝶種之族群，供觀光資源，以吸引遊客前來。

類似「蝴蝶牧場」之經營方式，在世界上已有不少國家或地區闢建，其中泰半為私人經營，並兼作標本及活體之販售，和吸引觀光客前來。而在國內，作者在二十多年前即進行小規模之試驗，也曾吸引有興趣的朋友前來欣賞取經，甚感欣慰。謹此並以開放式蝴蝶牧場做得最為成功之巴布亞新幾內亞之「蝴蝶牧場」為例作一簡介，以為大家參考。

巴布亞新幾內亞的經驗

　　巴布亞新幾內亞（Papua New Guinea）係位於太平洋東南方，印尼西方，澳洲北方之島國；面積幾為台灣之十三倍，但人口僅三百萬人左右。

　　此國之人種為黑膚鬈髮之美拉尼西亞人，全境百分之八十為濃密之熱帶森林。低地區年均溫在24-28°C之間，高地區則為20°C左右，為一氣候炎熱、潮溼之島國。

　　巴布亞新幾內亞人之居民泰半以農為業，主食為甘藷、芋頭及樹薯；其他農產品主要的有可可、咖啡、橡膠、茶及棕櫚。但農民之生活仍頗困苦，在一九七○年代國民平均所得僅五十美元左右。

　　該國原為澳洲之殖民地，於西元一九七五年獨立。由於地處熱

帶，植物相亦頗複雜，境內昆蟲極多，尤其蝶類，達七百種之多。在平時，有數百居民係以採集蝶類及其他昆蟲販售為業；而當地政府亦視昆蟲及其產品為外銷大宗，在當時「蝴蝶牧場」乃該國農村經濟開發之重要策略之一。

一九七四年該國於巴羅羅（Bulolo）設立「昆蟲牧場及交易所」（Insect Farming and Trading Agency, 簡稱IFTA），統籌國際間昆蟲之交易。難能可貴的是，該國是當時全世界中唯一把昆蟲保育列入法律條目中之國家，「蝴蝶牧場」之計畫則在一九八〇年代中期告一段落。

在一九七四年，加盟於IFTA之農民僅兩省，人數還不足三十人；但到了一九七八年，參與此計畫之農民已達十省五百餘人。蝶類活體及加工品、標本等之販售，已遠至歐洲、北美及日本；台灣亦有業者進口。據估計，在一九八一年時已加盟之農民，年平均所得已達一千二百美元，此和該國民所得之五十美元相較，實有天淵之別；但由此亦可窺知「蝴蝶牧場」開闢，除增加該國之外匯外，也實際改善加盟農民之生活。

最值得稱道的是，蝴蝶牧場開闢之後，除農民直接獲益之外，原被該國政府列為瀕臨絕種之七種鳥翼蝶，如今數量逐年增加。而常見之兩種鳥翼蝶──*Ornithoptera priamus* 及 *Troides oblongomaculatus*，數

台北市立動物園昆蟲館內的動線中，可以看到飛舞的蝴蝶及常見的昆蟲。

量亦激增。故不論就經濟觀點視之，或從保育觀點來看，蝴蝶牧場在當時確已為巴布亞新幾內亞帶來財富及蝶類保育之新希望。

營利、觀光、休閒、教育和保育

　　巴布亞新幾內亞在野外所規劃之蝴蝶牧場，其推荐之單位面積約0.2公頃；先在此區內栽種耳葉馬兜鈴（*Aristolochia tagala*）等鳥翼蝶類或其他大型鳳蝶幼蟲之寄主植物；並於此區之周圍栽植成蝶之蜜源植物。如蝴蝶牧場為林地，則只要在樹林周圍稍清除雜草，再栽種馬兜鈴類之攀緣性幼蟲寄主植物，使之攀緣林木之枝幹而上，並在附近種植能吸引成蝶前來採蜜之蜜源植物。如為農田，則除插扦栽種幼蟲之

1. 不同顏色的蜜台是利用假花誘引蝴蝶前來。　2. 剛採下的新鮮花躲也可吸引蝴蝶前來吸食。
3. 腐爛的香蕉是大白斑蝶成蟲的良好食物。　4. 新鮮的果食也可以吸引蝴蝶成蟲前來取食。

寄主植物外，田內其他地方仍可栽植芋頭等農作物。這種蝴蝶牧場不但不會破壞林相，亦可同時栽種作物，的確一舉兩得！

　　一般蝴蝶牧場之經營管理和農田無異，同樣需要除草、施肥及灌溉。在0.2公頃之範圍內，所栽植之耳葉馬兜鈴約為五百株，主要飼養對象為鳥翼蝶類；但亦有農民種植賊仔樹屬（*Evodia* spp.）之幼蟲寄主植物來飼養大藍鳳蝶（*Blue* ulysses *swallowtail, Achillides ulysses*）；此種植物可兼供多種豔麗型之天牛攝食。

　　另外，為使蝴蝶牧場之經營順遂，在牧場之角落並闢有苗床、工具屋及種植可供其他蝶類攝食之檸檬、柑桔、和能供韋氏天牛（*Artocorpus communis*）取食之麵包樹。

3 4

台灣目前也有二、三十個蝴蝶園

具此蝴蝶牧場之後，由於食物來源無虞，自然界中之鳥翼蝶類等會被吸引前來場區內活動，並覓食、交尾、產卵。

孵化後之幼蟲則逕於馬兜鈴上取食葉片成長、發育；並化蛹於枝條或幹上。在蝶類化蛹期間，農民每天採集蛹體，一般而言，農民採集半數之蛹體，而保留半數蛹體使之自然羽化以作下一代之蟲源；如此蟲源之供應無虞。

連枝條採下之蛹體，則放蝴蝶牧場之小屋內，靜候羽化；為促使蝶蛹順利羽化，農民每週適量噴霧保持濕度，再將羽化後之最完整、

1. 黑脈樺斑蝶。　2. 東陞蘇鐵小灰蝶。　3. 小紋青斑蝶。　4. 枯葉蝶。

新鮮成蝶製成標本販售。由於此種標本均十分完整，因此販售時常能賣得高價。至於活體販售者，則經由IFTA依訂單銷售至國內外各地。

　　目前除了巴布亞新幾內亞之外，在澳洲、哥斯達黎加、英國、美國和中國等地，亦有人經營類似之蝴蝶牧場；此除供給標本商所需之標本外，同時可供遊客觀賞；在英國，便利用溫室型之蝴蝶屋作一般民眾及中、小學科學教育之用；這種蝴蝶牧場，甚稱為多元性用途之牧場。

捕食、寄生及病原菌猶待克服

　　在國內，蝴蝶牧場及蝴蝶園之經營也有一、二十年，以作者為

例，在一九八四年秋起即和系內對蝴蝶有興趣之同學自闢小規模之蝴蝶牧場及網室型蝴蝶屋，經過兩年多之篳路藍縷，總算已獲些許成果，並提供不少學校及有興趣朋友們參觀。

在大量飼養方面以馬利筋飼養樺斑蝶，及利用柑桔類飼養大鳳蝶、黑鳳蝶等食柑桔類葉片之蝶類，十分成功；尤其是樺斑蝶，全年均能在蝴蝶牧場內出現。

但由於為開放式之牧場，對於天敵仍難避免；在當時由於農委會推展之玉米螟生物防治，其所釋放之赤眼卵寄生蜂（*Trichogramma chilonis*）等，已對鳳蝶類及樺斑蝶卵造成寄生現象；尤其是後者，一九八五年秋天在台大昆蟲館之小蝴蝶牧場之寄生率曾高達81％；另外，在野外亦發現核多角體病毒引起幼虫病死之症狀，尚有少數幼虫會遭胡蜂科及細腰蜂科昆蟲之捕食，此悉經營蝴蝶牧場時會面臨的問題。

還有，以馬利筋飼養樺斑蝶固然成效頗佳；但在馬利筋上常可發現夾竹桃蚜大量出現，並吸食為害；數量多時每每使馬利筋因而枯死。而經營蝴蝶牧場固可利用選擇性藥劑防治蚜虫，但使用藥劑多少會對蝶類造成傷害，因此利用六條瓢蟲等捕食性益蟲抑制，應為發展此類牧場較好的防治方法。

總之，儘管蝴蝶牧場之經營管理可能會面臨許多難題，但只要有心去做，一定沒有解決不了的難題，我們亦樂意接受此種挑戰！

台灣需要更精緻的蝴蝶園和蝴蝶牧場

台灣產之蝶類達四百餘種，在許多人之印象中亦覺蝶類研究報告看似不少，其實只要深入探索必會發現仍有很多基礎研究亟待逐步建立。

過去國內之學術界對蝶類研究方面所花費的心血較少，時值環境意識高張，蝶類之保育亦逐受重視，而蝶類亦為普受大家所喜愛之昆虫，此方面之研究今後似應投入更多之心力。

在過去觀光區之開發或公園之開闢時，花木之栽植大多以馴化之園藝作物為主，但這些花木固然漂亮，卻有許多非蝶類所喜愛者；因此，在蝶類多的地區，如能以觀賞價值亦高之蝶種蜜源植物取代部分人工栽培之花木，並在附近地區種植主要蝶類之幼虫寄主植物，則在蝶類發生季節，蝴蝶必可成為吸引遊客前來之重要觀光資源。

目前國內已有八座國家公園成立，各地區均有各具特色之蝴蝶園，如能改善蝶類生長之環境，再作經營管理之措施，甚至選擇適當地點，在林區或開闊地方開闢蝴蝶步道，必能為國家公園增色不少。

相同的，在遊憩品質日益講究的今天，民間企業或林務局、觀光局及交通部如能考慮蝴蝶牧場之經營，則在蝶類發生季節，蝴蝶牧場、蝴蝶步道將可成為觀光區之主要特色；何況此種經營方式除了可招徠遊客之外，尚可教育民眾愛護此漂亮的自然資源，也有助於瀕臨絕種蝶類之族群增長，亦可加深一般民眾之生態保育的觀念。

1. 大白斑蝶是蝴蝶園中的主要觀賞蝶種。　　2. 小蛇目蝶與白條斑蔭蝶於腐果上吸食汁液。

蝴蝶的伊甸園——
溫室型的蝴蝶園

台灣由於地處熱帶及亞熱帶，平地地區除一、二月份之外，月平均溫度大多在20℃以上；所以，不管是溫室建築或玻璃帷幕大樓，看似美侖美奐，如果停電或冷氣系統故障，室內溫度立刻急遽上升，不但植物長得不好，活動其中的人也消受不了！

　　所以，為了防範這種現象，許多溫室往往配備有通風的氣窗，或由上而下的噴水循環系統，做溫度上升時的應急；而玻璃帷幕大樓自然也配備有氣窗，以免在裡面辦公及活動的人因溫度上升而受不了！這也是溫帶地區的溫室較少發生的狀況。

　　然而，不管是溫室也好，玻璃帷幕建築也罷，室內溫度的調節完全是靠空調的冷、暖氣系統，這種高耗能、高成本的溫室如是小型的，只要空間能充分利用，種植一些高價的蔬果和花卉，也許還能將

1. 網室蝴蝶園較為通風，但是溫度、濕度與風的控制需得宜。　2. 簡易網室也可做為蝴蝶種源保存之場所。　3. 溫室型蝴蝶館要有良好的溫控設備。　4. 溫室型蝴蝶館的成本花費較高。

本求利。可是如果規模太大，不但不敷成本，特別是炎炎夏日，遊客又多時，是不是能夠找到夠強的冷氣系統，實值得懷疑；何況，四周完全密不通風，園內又有新陳代謝不停的植物和人潮，溫度也就難以控制了！像過去台北市立動物園的蝴蝶館，便是面臨這種窘境。但是不是全部無法解決呢？我們不妨瞧瞧溫帶地區的經驗！

溫室型蝴蝶園小心大而不當

其實，類似往昔台北市立動物園蝴蝶館的現象，也出現在全台灣有溫室建築的各大學試驗場、研究機構和「花卉工廠」；所不同的是這些溫室，其空間不像往昔台北市立動物園蝴蝶館那麼大，進出其中的人也沒那麼多，栽種的植物以盆花和小灌木為主，沒有蝴蝶館中那

3 4

溫室型蝴蝶館內部規劃設計必需要有蜜源、食草、取食台等。

1. 蛹體的活體展示置放玻璃櫃內，可近距離觀察。
2. 人工飛瀑製造空氣的流通與濕度，保持蝴蝶喜歡棲息的環境條件。
3. 高低層次分明的配置。
4. 種植並維護蝴蝶蜜源是蝴蝶館內重要的工作。

麼大的樹。所以，如不是直接以流動式的由上而下水流降溫，就是溫室內外罩上蔭棚隔熱，再以更強的冷氣系統和噴灌系統降溫，然而，這種溫室既耗能又耗電，所費不貲！所以，有些機構乾脆引進水牆風扇式的荷蘭溫室，取代這種全靠冷氣系統降低溫度的傳統溫室，成本也許降低；但風扇造成的巨大噪音卻令人難以忍受！所以，也不太適合應用在動物園內或遊客多的地方。

後來雖然動物園方面曾遊請專家「會診」，亦有加強冷氣系統和拆四壁部分玻璃以通氣，但卻考量成本及結構安全而遲未能解決，最後為了將蝴蝶館擴大為昆蟲館而拆除重建。所以，如果設計沒有把握，其實寧可館舍小而精緻，絕不要大而不當。其實根據作者多年的經驗，和在日本、香港和東南亞參觀許多蝴蝶園的心得，屬於熱帶、亞熱帶的氣候，如要建造蝴蝶園仍以網室型為

宜：只要排水做得好，遊客參觀步道有綠蔭之遮陽棚架，加上噴霧式的噴灌系統，配合優美的園景，精緻的解說，還是挺吸引人的！以下茲就溫室型的蝴蝶園在設計時應考慮那些問題，例如應把室內溫度調到多少度？朝夕恒溫，還是變溫？光度、濕度、氣流……又該如何？

何種日、夜溫最適宜呢？

　　蝴蝶究竟適合在什麼溫度下活動、成長？就作者之經驗，屬於溫帶型的蝴蝶，在室內飼養的最適溫在15～20℃之間；而熱帶型的蝴蝶大約在25～30℃。然而，熱帶型的蝴蝶在低溫下是不是就無法存活呢？其實並非如此！根據著名的蝶類專家羅斯查德（M. Rothschild）指出，熱帶雨林之全年平均溫度大多在20℃以上，但在某些高地夜間

1. 福爾摩蝶。　2. 外型艷麗的蝴蝶是蝴蝶館的展示重點。　3. 紅頸鳥翼蝶的雄蝶外型豔麗，具金綠色金屬光澤鱗。　4. 黃裳鳳蝶類的雄蝶，具金黃色的光澤。

即使低至10℃，這些熱帶蝶類依然能忍受而存活下來。他以美國德州的熱帶蛺蝶（*Heliconius charitonius*）為例，夜溫即使低至0℃，這些蛺蝶還是能存活下來。另外，他亦以其經營之溫室型蝴蝶園在一九八一年冬天因暴風雪停電室內溫度幾近冰點，但其飼養之郵差蝶（Postman butterfly, *H. melpomene*）仍存活了兩天。所以他認為只要日溫維持在20℃以上，夜間低溫對蝴蝶的影響較小。不過，如果日夜持續低溫，對蝴蝶還是不利的。羅斯查德認為，不管是溫帶或熱帶型的蝴蝶，只要日溫調整在22℃左右，夜溫調整在12~13 ℃，這些蝴蝶便能適意地生活在溫室之中。

以台灣來說，維持日溫22℃，夜溫12～13℃都必須仰賴冷氣系統維持；如果考慮到園內植物代謝和人潮呼吸可能引起上升的溫度，日

溫也許要調整到20℃左右。這對小型的溫室來說,或許冷氣系統還能持續維持;但對大型溫室而言,可能不容易控制,而且成本也太高了!至於夜溫,如果維持12～13℃,溫帶地區日夜溫差大,這種低溫可能不需要冷氣系統,只要打開溫室的氣窗便能達成:但是在台灣,夜間維持這麼低,非得靠冷氣系統不可,如此一來,成本高、耗費大,一定划不來;所以,亦不妨打開氣窗降溫;除非七、八月酷熱,偶而視夜溫度開冷氣,秋、冬季和春天因為夜溫較低,只要打開周圍的氣窗也就行了!不過在冬天寒流來襲時,室溫往往還有10～15℃,應不需要開暖氣系統;但別忘了,務必要關緊氣窗,以避免持續的低溫對植物和蝴蝶造成傷害。

要維持何種濕度環境呢?

和溫度相關的是室內的濕度,不管是溫室型的或是網室型的蝴蝶園,園中往往有瀑布、河流和水塘的設計,除了創造多樣性的環境之外,還有視覺美化的效果;但更重要的是在溫度高時,這些水具有增加濕度和散熱的效果。

對蝴蝶來說,特別是熱帶產的種類,往往需要濕度高的環境;據羅斯查德的經驗,如果室內能維持70％的相對濕度,對蝴蝶是最好不

過了！而這種濕度對生長其中的植物也是有好處的。

　　然而要怎麼做才能使園內維持高濕度呢？有許多人可能會聯想到直接以水管灌溉植物，噴布全株；如果園子不大，人力充裕，這種做法無可厚非；但天天要維持如此高的濕度，耗費人力實在相當大。所以，最好的方式是藉每天設定噴兩、三次的噴灌系統；理想的選擇方法是有噴頭細得噴出的水是呈霧狀，也就是採「人工的毛毛雨」方式來灌溉園內的植物。這種噴灌系統既不會影響蝴蝶的飛翔、活動，又省時省工；而且對入園的遊客不會造成干擾，反而會產生「浪漫雨中行」的感覺。況且這種噴灌除了可增加園內的濕度之外，也有降低溫度的好處。不過，要注意的是噴水的次數如果太多，可能會沾濕不活動的卵或蛹，特別是蛹，而堵塞氣孔造成蛹致死，甚至誘發真菌性病原滋生。但這可透過不定期的採卵、採蛹的管理方式解決。其實有不少國外的蝴蝶館，在園內設置流水、瀑布及室內噴泉，也可以增加園內及空氣中的濕度。

　　一般而言，高濕度的環境對生長於園內的植物是有利的，特別是鳳蝶類所喜歡的柑橘類等芸香科植物，以及供作景觀植物或蝶類幼蟲食物的芭蕉科植物。

　　另外，這種高濕度的環境對於馬纓丹、繁星花、馬利筋及非洲鳳

仙花等蜜源植物來說也是有利的，它可使這些植物幾乎全年持續不斷地開花而提供蝴蝶足夠的天然蜜源。

玻璃材質採光較好

陽光在蝴蝶園，尤其是溫室型的蝴蝶園，可以說相當重要。吸蜜性的蝴蝶通常喜歡在陽光下活動，所以光照對這些蝴蝶來說自然十分重要。如果光照不夠，生長園內的植物也會徒長，蜜源植物開花的情形也比較差。但是如果光度太強，四壁又全都是玻璃，對蝴蝶來說也未必有利，因為這會造成蝴蝶撞擊玻璃的現象。

溫室型的蝴蝶園，為了採光還是以透光率好的安全玻璃為佳，市售的FRP透光率差，使用太久透光情形更不好，似乎不適合溫室型的

1. 溫室型蝴蝶館在支架接縫處需處理以防止蝴蝶夾死。　2. 溫室型蝴蝶館內種植蜜源與食草。
3. 簡易網室型蝴蝶館在支架接縫處常會夾死蝴蝶。　4. 網室型蝴蝶館較為通風，但在夏天仍要以風扇或噴水降溫。

蝴蝶園。不過，由於玻璃透光性強，特別是南向的蝶園，陽光直射下溫室溫度如果調控欠佳，可能會引起溫度上升的現象，為減少這種弊病，可在溫室上方加自動罩蓋的遮光網幕，以便在光度太強時及時使用。

　　在溫帶地區，冬天的光照只有夏天的20％，在台灣則無此現象，但如果地勢的關係造成光照不足，宜在園內設置人工照明設施，選擇適當的建築物天花板區域，以太陽燈之類的光源增加照明，既有助於蝴蝶飛翔活動，也有利於開花的植物。然而，如果四周的玻璃帷幕太亮，蝴蝶會飛到這些死角，產生撞擊現象。為減少此種弊病，在建造溫室時應先在這些地方加一層攀緣植物網，種上適當的蝴蝶食草，像歐蔓、馬兜鈴或珊瑚藤之類的蜜源植物，甚至一些攀藤類景觀植物和

蕨類植物，這樣便能減少蝴蝶撞擊的現象。攀緣植物網在一般的花市、花藝店均可購得。要注意的是這些植物也不能太繁密、而影響透入的光線，所以適時的修剪也是必要的。

裝置風扇製造氣流

　　除了濕度、溫度和光之外，對飛翔性的昆蟲，尤其是蝴蝶來說，適度的氣流也是相當重要的。蝴蝶園，特別是溫室型的，如果溫度高，濕度又大，園內又放置了吸汁性蝶類喜歡的腐爛水果，如果園內通氣不良，久而久之會使參觀者聞到一股酸腐或發酵的臭味，這便會影響遊園的品質。尤其是夏天遊客多時，一旦通氣不佳，甚至會令人退避三舍，何況適度的氣流也能促使園內的蝴蝶飛得更適意。

1. 網室型蝴蝶館的外觀。　2. 網室型蝴蝶館常以電風扇降溫。　3. 網室型蝴蝶館外的小型展示箱，其中有蝴蝶的幼蟲與食草。　4. 網室型蝴蝶館外的解說牌，介紹蝴蝶的生活習性與外部形態。

溫室的蝴蝶園，冷、暖氣孔會有氣流產生，但要使園內的蝴蝶飛得更好，這種氣流是不夠的。所以，最好的方式是在適當的位置加裝風扇，使園內的空氣也能產生對流，這樣便不難觀賞到有些蝴蝶會逆著風或乘著風飛翔，展現翩翩舞姿的風采！

然而，究竟是在什麼位置加裝風扇，有些蝶園是採相對稍斜的位置各置一風扇對吹製造氣流；有些則在離冷、暖氣孔較遠的地方設置，視實際情況而定。而設置風扇的另一個好處是遊客經過時會感受到類似自然風的吹拂！至於風扇的強度，現在可採分段的方式，要強、要弱視實際需要設定，非常方便。另外，如果溫室還有抽氣孔，別忘了要在孔上加裝隔離的密網或植物掩體，以防止飛到附近的蝴蝶被捲進抽氣孔中。

溫室型的蝴蝶園，最小的甚至可以小到只有長、寬、高3x3x3公尺大小的空間，當然也可以大到像現在台北市立動物園昆蟲館蝴蝶園、或日本多摩動物園蝴蝶館數以百坪、千坪那麼大的；造型可以像簡陋的種花卉、蔬菜的隧道式溫室，或設計形狀有如一條毛毛蟲的香港海洋世界蝴蝶園及紐約布朗動物園的蝴蝶園，甚至美侖美奐像隻翱翔、意象式蝴蝶的多摩動物園蝴蝶館，端視設計者、設計費用多寡而定。但為了防止雜蟲，閒雜動物闖入，也為了防止園內的蝴蝶突然因開門而受到驚嚇，蝴蝶園的出、入口宜採雙道門，也就是在這兩道門之間有個小迴廊，既能防止蝴蝶的天敵闖入，也可減少園內蝴蝶逃逸的機會。

擁有這個能調控「氣候」自如的溫室之後，對蝴蝶而言，您就宛如造物者一般，「創造」出牠們所能存活的環境！讓蝴蝶能在園內逍遙自在生活，並繁衍下一代。

蝴蝶熱壞了，人熱昏了——
網室型的蝴蝶園

台灣是蝴蝶王國，但溫室型蝴蝶園在台灣卻遭遇失敗，究其原因，高溫排解不易是其問題所在；其實，不只蝴蝶如此，都會裡的帷幕大樓都遭遇過這種花錢費能的熱度。

　　如果溫度控制得宜，尤其是夏、秋兩季的室溫控制不成問題，那麼溫室型的蝴蝶園，的確能提供遊客舒適的賞蝶環境。可是，在台灣除了小型溫室室溫能調控在20-25℃左右，大型溫室除非冷氣馬力十足，否則很難把室溫維持在這種既適合蝴蝶，又適合植物和遊客的條件之下。

　　理論上，即使大型溫室要維持20-25℃，只要在冷氣系統多作投資，也不要管電費多貴，這種條件實在不難達到。不幸的是，幾乎不透氣的玻璃帷幕，只要出大太陽，配備的冷氣系統不夠強，可怕的溫室效應便一一產生了！不但入園的遊客感覺悶、熱，生活其中的蝴蝶、植物也大受影響。所以，往往地面一公尺左右達到25-30℃的溫度；十公尺以上的地方可能達到35-45℃的高溫。

　　在台灣，曾任台北市立動物園蝴蝶館館長陳建志博士表示：「在台灣，溫室型的蝴蝶園在溫度方面所產生的問題，和溫帶地區的國家不同，主要癥結不在於冬天或早晨的低溫，而是夏秋兩季的高溫；因此冷氣系統如果設計不好，冷氣不夠強，這兩個季節，室內溫度會令

人受不了，這對蝴蝶和植物來說，當然也好不了！」

大而不當最傷腦筋

其實，非僅往昔台北市立動物園的蝴蝶館曾遇過這個問題，台灣這幾年來出現在各大都市的玻璃帷幕建築，也有類似的問題；在配置有中央冷氣系統的大廈，維持20-25℃的舒適室溫固然辦得到，但每個月的電費卻高得令人咋舌！而且一碰到停電，一些沒有自備發電機的大樓，溫度立刻上升，在裡面工作的人宛如熱鍋中的螞蟻，令人難以消受！因此現任台北教育大學陳建志教授的經驗談可以說一針見血，在台灣溫室最大的問題是在夏、秋兩季時，如何以冷氣系統把高溫壓制下來，而不是冬天低溫時，如何提升溫度的問題。依溫帶國家的經驗，日溫22℃左右，夜溫12-13℃，蝴蝶便能適意地生活、生長。而台灣各平地之月均溫，除了二月份外，都在20℃以上，所以「冷氣問題」的確比「暖氣問題」還重要。

其實，除了寒流來襲時，可能得短暫開開暖氣外，整個冬天根本不太需要開暖氣；可是，全年各季，日均溫超過20-25℃的日數，比例占太高了！因此，只要是採溫室型建造的蝴蝶園，一定非得考慮「如何把室內的溫度降下來」不可！所不同的，小型溫室問題比較容易解

決，大型溫室就比較困難，花費也比較大。

但為了解決這個問題，還要考慮園內植物代謝所產生的能量；入園遊客活動所散發的熱量，而這些因素往往是不少蝴蝶園的設計者常會忽略的。

網室型最適合台灣

所以，由過去台北市立動物園的「切膚之痛」經驗，和作者多年來參觀各國，特別是亞洲地區蝴蝶園的經驗，在台灣如果要經營蝴蝶園、昆蟲園，甚至花卉、景觀植物公園，除非是一、兩百坪以下的小型溫室，否則我建議還是以網室型的建築為宜。因為網室型的蝴蝶園

1. 吸食花蜜的小紋青斑蝶　2. 棲息於葉片上的鳳蝶類幼蟲。

溫室型蝴蝶館內蜜源與食草的展示。

不但接近自然，也不會產生突然高濕、高溫持續不下的問題；而且建成之後每個月的電費也可節省很多，持續維持的費用也比較低。

在台灣，這二十多年來在「精緻農業」的政策之下，設施園藝、網室栽培農業，如雨後春筍出現在台灣各地，所以對於網室這種建築，大家應不陌生。但由於是農業經營利用，大家不注重造型，所以看來看去都是隧道式；也有蓋成像平房般的，一點兒都不吸引人。其實，如果能在設計方面多下功夫，不管是卡通式的、昆蟲、蝴蝶造型的，甚至傳統中國、台灣聚落形式的，還是會有相當吸引人的造型出現。

生態工程的開發方式

網室蝴蝶園要多大呢？和溫室型的蝴蝶園一樣，可小至長3 ×寬4×高3公尺左右的，也可以大至兩、三千坪。然而，不管是平地或山區，參觀步道不宜太長，只要三～五公尺長即可；即使室內最高處可達十五～二十公尺，則應考慮立體造景，把遊客參觀的步道維持在三～五公尺為宜。

因為蝴蝶的個體小，如果太高的話，遊客根本看不到。也就是說，如果網室是蓋在山坡地上，為了增加參觀的空間，要多設計幾層

彎曲蜿蜒的自然步道，但步道和天花板間的距離以三～五公尺為宜。

　　有些蝴蝶園，為了增加園景，往往有瀑布和人工河流的設計，一方面充分利用空間，增加美感；流動的瀑布會使參觀者「覺得」涼爽之外，的確有降溫、增加溼度的效果。另外，為了增加空間的變化性，也不妨在高聳的地方建造具有地方特色的涼亭、平台或展示站。

　　如果園內的樑柱很多，可以攀緣植物、蕨類裝飾。走進園內，宛如置身花園中，也好像走進具有原始風味的熱帶雨林中。像馬來西亞吉隆坡的蝴蝶園，便是運用河岸山坡地形，創造水緣環境，營造出這種具有熱帶風采的花園式蝴蝶公園；遊客一進園內，往往有賞心悅目的知性、感性享受。吉隆坡的蝴蝶園因沿山坡地蓋，對坡上的原生植物皆儘量保留，只稍作整地，所以有「胸圍」五、六公尺的老榕樹也被保留下來；繞著樹圍，展示蝴蝶生態照片及活蛹。這種具有生態工程觀念的規畫開發方式，足供國內業者參考和警惕！

排水系統不可馬虎

　　山坡地的開發，最為人詬病的是，剷除山頭重新營造，這固然能將設計者的造園、造景理念呈現，但卻常造成水土流失等無法彌補的損失，或需經多年的復舊工程才能完成。未來在台灣如果興建類似蝴

溫室型蝴蝶館中的動線規畫很重要。

蝶園、昆蟲園的工程，希望能因地制宜，留下可用的土、石和植物，採生態工程的方式進行，以減少開發對環境的衝擊！

網室型蝴蝶園由於雨季時會有大量雨水流進，所以排水一定要做得好，使進入園內的水能暢通。原設計的瀑布、河流，其水源可引山泉進入，無山泉者也可利用自來水循環利用。如水質變差，有優養化現象，再放水、加水、換水即可。

如果園子不大，園內植物可採人工灌溉方式；但如為節省人力，或園子太大，建議採由上而下，及由下而側的自動噴灌方式。目前這種噴灌系統在台灣已頗為普遍，而且還有定時的裝置，噴孔大小也能隨心所欲。

依作者之見，噴霧式的效果對蝴蝶和遊客來說都相當不錯，而且有人造毛毛雨的效果，走在其中，觀花、賞蝶，別有一番風趣！同時，一天數次的噴灌除了提供植物足夠的水分之外，還有增加溼度、降低溫度的效果。在人力昂貴的台灣，這種定時噴灌系統，可能要比人工灌溉方便、經濟。

網室型的蝴蝶園當然是以賞蝶為主，所以，園內栽種終年能盛開的蜜源植物也不能少。不過，有些蜜源植物的花期是一定的，花開也有花謝的時候，因此除了栽種長年開花的植物之外，步道兩邊仍得放

置盆栽的蜜源植物，這些花可在含苞時放入園內，花謝之後便移出。所以室外，還得有個讓這些花兒「休養」的苗圃。

另外，為了增加趣味性，也不妨在步道間設置人工蜜源台，把5～20％的蜜水放在花朵或花形海綿中，以吸引園內的蝴蝶前來「採」蜜，補充養分。這種裝置往往會「騙」來相當多的蝶群，也頗能引發遊客賞蝶「逗」蝶的樂趣！由於蝴蝶似乎不難「騙」，所以有些蝴蝶園甚至在蜜水中添加氨基酸，以增加蝴蝶的活力和壽命。至於一些不吸蜜的蝶類，則可利用腐熟的水果，像鳳梨、香蕉、蘋果……等果汁供牠們吸食。

台灣是蝴蝶王國，目前也有一、二十個蝴蝶園，希望我們能有幾個更精緻，並結合台灣花卉、林木、園景之美的網室型蝴蝶園出現，除了讓蝴蝶扮演休閒和生態教育的角色之外，也讓台灣蝴蝶之美能再度向世人重現！

觀蝶——
大家一起來賞蝶

「風輕粉蝶喜，花暖蜜蜂喧。」、「西風掃盡狂蜂蝶，獨伴天邊桂子香。」、「舊日西郭千樹雪，今隨蝴蝶作團飛。」、「茸茸碧草滿平坡，黃蝶紛飛意若何。」、「穿花蛺蝶深深見，點水蜻蜓款款飛。」、「蛺蝶意殘花底霧。」、「刺桐花上蝶翩翩。」

這都是古詩、詞中詠頌蝴蝶的佳句；既寫景，又抒懷，足見古代中國人不但早就注意到這類昆蟲，對於蝴蝶，也都頗為喜愛。

而在古代之文人中，對蝴蝶最執著的，可能要數北宋時代的詩人謝逸！在他一生中，曾以十四年的工夫寫了三百首和蝶有關的詩，因此時人稱之為「謝蝴蝶」。像這種「蝶癡」，實足以列入世界紀錄百科全書之中了！

蝴蝶的魅力

然而令人玩味的是，為什麼這些騷人墨客會為蝶沈迷？難道蝴蝶有特殊的魅力？

不錯！蝴蝶之所以吸引人，除了牠們一身豔麗的「衣裳」之外，牠們還有優雅的飛翔姿態及輕盈動人的身段！尤其是當牠們由奇醜無比的毛毛蟲化為蟄伏的蛹，再羽化為蝴蝶的過程，令人訝異的程度，豈止於「黃毛丫頭十八變」而已？

其實，古人如此，今人對於蝴蝶的感受，又何嘗不是如此？所以，打從十七、八世紀以來，歐美、日本就有不少學者雅士，以蒐集各種蝴蝶標本自娛；而養蝶、賞蝶之風氣，乃蔚然成風！是故，早在一百多年前，英國就有蝴蝶園，而三、四十年前，英國、美國、日本等地私人經營之「蝴蝶園」如雨後春筍！環顧國內，近十年來，隨著科學之旅之類的知性活動，賞蝶之風氣雖已展開，台北市立動物園也擁有「世界級」規模的蝴蝶館；但大部份國人對蝴蝶的認知，依然不足！尤其是對於蝶類幼蟲，許多人莫不心存恐懼，只因為有些根本無毒，不會刺人的幼蟲，長有纍纍之棘刺仍令不少人望而生畏！因此，每在夏天，只要徜徉各地風景區，常可發現不少蝶類幼蟲在人類無知之下，魂斷山區的小徑，此實令人感慨！

台灣蝴蝶舉世聞名

根據統計，台灣產的蝶類達四百種；這些種數及單位面積之種類數，在世界上名列前茅了！尤其是三、四十年前，在台灣蝶類加工業繁盛的時代，台灣的蝴蝶，倍受世人矚目。更難能可貴的是根據調查，在這四百種蝶類中，竟然有十分之一的種類為台灣的特有種，此的確令人刮目相看！

然而，近一、二十年來，台灣也由於人口激增，土地過度開發，使蝶類的棲息地遭到嚴重的破壞，也間而影響蝶類的族群；茲以台北縣的新店市五峰山為例，一九七七年「台灣賞蝶協會」成立時，就以五峰山為成立後第一次活動的地點；是時，每到夏天，徜徉古樸的山區，每天總可觀賞到四十餘種蝶類；然而，時至今日，該區已闢為住宅區，公寓、別墅林立，一樣的夏天，蝶跡杳杳，令人感傷！有關台灣蝶類過度利用及蝶群式微的原因，可參考Marshall, Severinghaus, Unno及楊平世等人的報告（註）。

賞蝶比賞鳥更容易入門

　　近幾年來，科學教育、知性之旅的活動逐漸受到重視，其中推展較具系統，在公家機構方面，例如各國家公園及森林遊樂區的研習活動及科學教育館的「科學之旅」、「知性之旅」；在民間方面，如往昔有民生報的「兒童天地」及中華民國野鳥學會的賞鳥活動。尤其是野鳥學會的賞鳥活動，在社會上已蔚成風潮，這是十分可喜的現象。而目前「台灣蝴蝶保育學會」及「台灣紫斑蝶生態保育協會」又相繼成立，幾乎每個月都有賞蝶活動，賞蝶就如賞鳥一樣，只要您有心去看、去認、去觀察，在短短的時間內，必有所獲！

值得一提的是，賞蝶甚至比賞鳥還更容易入門；因為蝶類的數量多，適於賞蝶的地點也比賞鳥地點為多。還有，賞鳥地點可能人為干擾大而錯失，但蝶類只要有蜜源植物及食草，那麼人為的干擾較不受影響。有許多人頗感困擾的是，賞鳥大多得在清晨五、六點起床，但賞蝶活動只要天氣晴朗，八、九點開始即可；可見，在台灣賞蝶比賞鳥容易而且方便多了！

固然蝶類的漂亮和鳥類羽毛的變化難分軒輊，但蝶類還具有多采多姿的變態現象；所以，如果能體驗養蝶之趣，您會發現觀察幼蟲從卵中孵出的剎那，或成蟲破蛹而出的律動，更能使您體會出生命的價值和意義！更何況蝶類有許多行為，例如擬態、求偶等，也都十分引人入勝！

大自然是進行知性之旅最理想的殿堂，何不利用假日走向戶外，踏在茵綠的草地上，欣賞路邊的野花，聆聽優雅的鳥聲，觀賞翩翩彩蝶的舞姿？

註：Marshall , A. Z. 1982, The butterfly industry of Taiwan. Antenna. 6:203-204
Severinghaus, S. R. 1977 The butterfly industry and butterfly conservation in Taiwan, Atala 5(2):20-23。
Unno, K 1974, Taiwan's butterfly industry. Wildlife 16：356-359。行政院農委會出版，楊平世，1988, 昆蟲保育的回顧與展望,77年生態保育研究第001號， 27pp. + 4pls.。

國家圖書館出版品預行編目資料

蝶影蟲蹤：追蹤常見昆蟲 / 楊平世著. --
初版. -- 台北市：健行文化出版：九歌
發行, 民101.07
面；　公分. -- (地理頻道 ; 2)
ISBN 978-986-6798-53-5 (平裝)

1. 昆蟲　2.台灣

387.7133　　　　　　　　101009970

地理頻道　002

蝶影蟲蹤　追蹤常見昆蟲

作者	楊平世
攝影	何健鎔
責任編輯	曾敏英
發行人	蔡澤蘋
出版	健行文化出版事業有限公司
	台北市105八德路3段12巷57弄40號
	電話／02-25776564・傳真／02-25789205
	郵政劃撥／0112263-4
九歌文學網	www.chiuko.com.tw
印刷	前進彩藝有限公司
法律顧問	龍躍天律師・蕭雄淋律師・董安丹律師
發行	九歌出版社有限公司
	台北市105八德路3段12巷57弄40號
	電話／02-25776564・傳真／02-25789205
初版	2012（民國101）年7月
定價	360元

書號	0209002
ISBN	978-986-6798-53-5

（缺頁、破損或裝訂錯誤，請寄回本公司更換）